# ハチワレ猫ぽんたと過ごした1114日

宮脇灯子

河出書房新社

ハチワレ猫ぽんたと過ごした１１１４日 ◉ 目次

## 第1章　なでていると小さな寝息が聞こえてきた　9



## 第2章　元野良がだんだん家猫らしくなってきた　33

## 第4章 給餌の苦労と数値との戦いの日々 

装幀――市川衣梨
カバー写真――小林写函

# ハチワレ猫ぽんたと過ごした１１１４日

# 第1章　なでていると小さな寝息が聞こえてきた

## 1　野良猫の「あのこ」が、また塀の上にやって来た

「猫を飼う」という選択肢が自分の人生に現れることは、生涯ないと思っていた。猫に限らず犬も、ウサギもハムスターも、いわゆるペットと呼ばれる生き物と暮らそう、などという考えが頭をよぎったことは、一度もなかった。

両親がそれほど動物好きではなく、特に父がペット嫌いの家庭に育った私は、子どもの頃に犬や猫と暮らした経験はない。なぜかジュウシマツを一時期飼っていたことはあったが、世話係は母だった。

動物との接し方を知らないまま大人になり、そのため、動物、特に犬や猫には苦手意識を持つようになった。苦手なのは「飼い主」という人種に対しても同じだった。

犬や猫に幼児言葉で話しかけたり、子供のように溺愛する様子は、理解できなかった。散歩の途中に公園や道端で、愛犬談義に花を咲かせる人々に出会うと、視線を落として足早に通り過ぎ、心の中で思っていた。

動物はしょせん動物、人間とは違うのだから、と。

だから、家の近所で出会った野良猫を引き取りたいと思ったときは、我がことながら驚いた。まさか自分が飼い主になろうだなんて。

二〇一五年七月終わりのある日。

「ほら、また『あのこ』が来ているよ」

とツレアイが言った。見ると、自宅マンションの窓から見える、隣の民家との間を仕切る塀の上に、茶色い縞模様の猫が寝そべっていた。

ここのところ、毎日のようにやって来ては昼寝をしていく猫だった。夏が始まったばかりで暑い日が続き、木陰になるこの場所は過ごしやすいのだろう。

子猫ではなく、体格のいい成猫だった。首輪をしていないから野良猫だろうと、私たちは推測していた。丸くなっていることもあれば、長くのびていることもあり、この日は仰向けになり、白いお腹を出して寝ていた。

私たちがじっと見つめながらひそひそ声で話をしていると気配を感じるのか、目を覚ますこともあった。それでも、驚いて逃げ出したり、威嚇することはない。しばらく私たちと目線を合わせると、挨拶するかのように小さく鳴き、そのままどこかへ行ってしまうか、再び目を閉じて昼寝を続けるのだった。

野良猫というと、人には決して寄りつかずに距離を置き、こちらから近づこうとするととっさに逃げ去る。警戒心のかたまりのような鋭い目つきをし、薄暗い場所に潜んで常に人間を観察している、そんなイメージを持っていた。どこか陰気で、私のように動物に愛着のない人間には、近寄りがたい存在の筆頭だった。

しかし、目の前の猫は少し違っていた。毎日あまりにも気持ちよさそうに寝ている姿は、微笑ましくすらあった。

「野良にしては、ずいぶん無防備だね。元は飼い猫だったのかもね」

とツレアイは言い、さらに続けた。

「野良猫って、できれば家で飼ってあげたほうがいいんだよ。外の生活は過酷で、長生きできないから。いつ餌にありつけるかわからないし、縄張り争いで他の猫と喧嘩をして怪我をしたり、病気になったり、交通事故の危険もある。野良猫は自由奔放でうらやましいなんて、人間の勝手な解釈。過去に人間に飼われていた猫だったら、なおさら野良として生きていくのはかわいそうだ」

ツレアイは子どもの頃に犬や猫と暮らしていたことがあり、その中には迷い猫もいたらしい。

野良猫の生活についてなど想像したこともなかった私は、ツレアイの発言に驚いた。今、目の前で呑気そうに寝ている猫も、生命の危機と隣り合わせの世界で生きている。マンション裏のこの場所なら、人目にも猫目にもつかないし、休息の場なのかもしれない。そんなことを思ううち、気がつけば、今日は「あのこ」は来ていないかなと、心待ちにするようになっていた。

## 2 スーパーの空き地の野良は「あのこ」なの？

夏の終わりになると、野良猫の「あのこ」はぱったりと姿を見せなくなった。

「縄張りを変えたのかな」「どこかの飼い猫になったとか」「まさか、事故か病気で……」と、ツレアイと二人でさまざまな憶測をしていたある日の夕方、近所のスーパーに行くと、裏の空き地に、茶色い猫がたたずんでいるのが目に入った。

『あのこ』じゃない⁉」と私たちが揃って声を上げると、猫はこちらへ近づいてきた。足元まで来ると「なあー」と鳴き、その場にコロンと転がり、寝そべった。

「久しぶりだねー、お前はどこにいたの？」

と言いながらツレアイは腰を落とし、猫のあごや背中をなではじめた。

「かわいいね、ほら、なでてあげなよ」

と私を促した。

私はとまどっていた。猫をなでた経験が皆無に近いため、なで方がわからない。それより驚いたのは、きれい好きで、外出のたびに手を洗うツレアイが相好を崩して猫をなでている姿だった。「野良猫に触ったりして、不潔ではないのか？」という疑問が頭をもたげたが、そういう人間がなでているのだから、害はないのだろう、と考えた。

彼の真似をし、恐る恐る猫をなでてみた。

あごの毛は柔らかく、背中はすべすべとしていて、猫という生き物は温かいのだな、と思った。猫は体をくねらせると、ゴーゴーと、軽いいびきにも似た音を立てはじめた。これが、猫が喜んでいるときに発する「ゴロゴロと喉をならす」音だということを、はじめて知った。

しかし、なでているうちに、どうやらこの猫は「あのこ」ではないことがわかってきた。柄は似ているが、顔が小さいし、からだつきもやや華奢だ。何より、人とは一定の距離を置いているようだった「あのこ」に比べると、ずっと社交的で顔つきも穏やか。やはり、別の猫だった。

この猫にはその後、ほぼ毎日のように空き地で会った。こちらが足を止めると、必ず気づき、声を発して走り寄ってきて、私のすねやふくらはぎに顔をこすりつける。そのたびに、私はしゃがんで猫をなでた。

スーパーでの買い物を終えて出てくると、待っていたかのように近寄ってくる。またなでる。この一連の行動のせいで、私の夕方の外出時間は長引いた。そして用もないのに毎日、夕方になるとスーパーに出かけては空き地のところで立ち止まり、猫の姿を探すようになった。

しばらくしてわかったのだが、この猫は、買い物客の間では知られた存在だった。空き地に行くと、しゃがみこんでいる人がいたり、数人が輪になって立ち止まっている光景に何度も出くわした。すると、そこには、必ず猫がいた。そうして、井戸端会議ならぬ、猫端会議が繰り広げられるのだった。

「この猫、いつもいますよね」

「人に慣れているから、飼い猫かしら？」

「首輪をしていないし、野良らしいですよ」

「足と尻尾が長くて、こんなにかわいい野良はめったにいない」

「オスだな、後ろから見るとわかる」

「なでさせてくれる野良猫なんて珍しい」

「ママー、僕も猫、なでたい」

皆の意見をまとめると「元は飼い猫で、今は野良、夕方この場所にやってくるのは、餌がもらえるから」ということになった。確かに、餌を与える人はよく見かけた。猫は、ひとしきり皆に愛想を振りまき、お腹がいっぱいになると、空き地の向こうへと姿を消すのだった。

なでたいときになでて、心を満たしてもらう。猫からしても、私は大勢の取り巻きの一人でしかない。愛着を持たれたり、立ち去るときに鳴いて引き止められることもない。何のしがらみもない関係は気楽といえば気楽だが、どこか物足りないような、独占欲のようなものが、フツフツと自分の中に湧いてくるのを感じた。

そんなとき、ツレアイが言った。「うちで飼ってあげればいいんじゃない？」と。

## 3 はじめてハチワレ猫をなでた

スーパーの裏の空き地に出没する茶色い猫を、ツレアイと私は「にゃーにゃ」と呼んでいた。

地域のアイドル猫を独占したいという気持ちが湧いたからといって、いざうちで飼うとなると二の足を踏む。そもそも、野良猫を家に引き取って飼うことは可能なのか？　子猫ではなく、成猫だ。しかも我が家はペット飼育が許可されているとはいえ、マンションである。

インターネットで検索をした。人に慣れている成猫なら、野良から家猫になる例は珍しくないようだった。ただし、庭にやってきてそのまま居ついた、とか、近所でなつき、家まで後をついてきたなど、猫の自主性によるケースが多い。「ひょいと拾ってきて飼う」というのは、子猫か、怪我をした猫以外では、適当な例は見当たらなかった。

また、外で暮らしていた猫は、病気や寄生虫を持っている危険性が高い。保護したら、その足で病院へ連れて行き、血液検査や糞尿検査、寄生虫の駆除を行う。感染症予防のためのワクチン接種や去勢・避妊手術、病気が見つかった場合の治療の有無。家に連れて帰ったらトイレのしつけがあり、完全室内飼いにする場合は、元野良猫なら間違いなく外に出たがるので、万全の脱走防止対策を立てなければならない。ストレスなく過ごせる環境を室内に備え、辛抱強く、猫が新しい生活に慣れるのを待つ……。

私は検索をやめた。猫飼い初心者が手を出せるような「代物」ではなさそうだ。

それに「ひょいと拾う」といっても、私は猫を抱き上げた経験すらない。

そこである日空き地に行き、にゃーにゃ相手に練習を試みた。背中側から前足の下に手を入れて引き上げようとした途端、猫は「うー」と唸り、四つ足で地面に突っ張った。思わぬ抵抗に私は慌てて手を離した。ごめんね、と言いながら顔をのぞきこむと、前足の爪を出し、私の額を引っ掻いた。

この猫は、人に飼われることは望んでいない。少なくとも私には。

引っ掻かれたことはショックだったが、こう解釈することで、どこかほっとしていた。望まれていなくても、猫の命を守るために保護するのが、動物愛護の考え方の一つなのかもしれない。しかし、野良猫だろうが、ペットショップに並ぶ純血種の猫だろうが、今の私には、猫を飼うことで生じる責任も、金銭的な負担を背負う覚悟や自信もないのだった。

それからも、毎日のように空き地に行ってはにゃーにゃをなでた。にゃーにゃには、空き地以外の場所でも、ときどき出会うことがあった。

秋が深まりつつあるある日のこと。夕食後に一人ででかけたコンビニからの帰り、古びたアパートの前を通りかかると、外階段の下にたたずむ猫の姿が目に入った。にゃーにゃかと思い近づくと、違う猫がじっと私をみつめていた。白と黒のツートンカラーで、顔の上半分が仮面をかぶったように黒く、額から鼻にかけては八の字に白く割れている。「変わった柄……」と思った。「やっぱり猫は茶色じゃないと」などと考えながら、視線につられて手をのばすと、猫は頭を差し出す姿勢で歩み寄ってきた。なでると、コロンと横になり、大きくのびをした。しゃがんでさらに頭とあごをなでる。今度はゴロンゴロンと右左に地面を転がった。「もっとなでろ」と言わんばかりだ。

しばらくなでて、立ち上がると、「ほなー」と鳴いた。自宅へ向かって歩き出すと、鳴きながら後をついてくる。困ったなと思ったが、曲がり角にくると猫はぴたりと歩みを止め、前足を二本揃えて立て、腰を落として座った。家路を急ぎながら振り返ると、猫はまだこちらを見ている。もう一度振り返ると、毛づくろいをはじめるところだった。飼い猫なのか、野良猫なのかは、定かではなかった。一心に体をなめ続ける姿に向かって私は、「また明日来るね」とつぶやいた。

## 4 その日、ハチワレ野良はひざから降りなかった

白黒のハチワレ猫に出会って以来、私は猫をなでるために例のアパート前に日参していた。

ハチワレは昼でも夜でも、そこにいた。通いはじめて三日目ぐらいに、たまたまアパートに住む女性と話す機会があった。そこでアパートの飼い猫かと聞いてみた。

「違うの、野良よ。すごく人に慣れているでしょう。一年ぐらい前に、このあたりに現れてね、そのときは赤い首輪をしていたけど、とれちゃったみたい。オスで、去勢済み。だから間違いなく元飼い猫よ。その駐車場が縄張りで、いつもアパートの前で見張っているの。来たときは痩せていたけど、皆が餌をやるから太っちゃってね」

アパートの階段の下には、キャットフードが散らばっていた。彼女が「縄張り」と呼んだ、車二十台ほどが駐車できる砂利敷きの駐車場には、ときどき車止めの上にウェットフードが山盛りになっていた。焼き魚の残骸が落ちていることもあった。

ハチワレが駐車場で鳴くと、ガラガラと窓が開く音がし、かつおぶしがかかった白いご飯が空から降ってきた夜もあった。

ハチワレの人慣れ具合は、スーパー裏の空き地に出没するにゃーにゃの比ではなかった。道路に転がってなでられるのが好きで、なでる手を止めると不満そうに鳴く。最初は「猫はやっぱり茶色でないと」と違和感を感じていた白黒の柄も、先が曲がった短いしっぽと合わせて見れば、どこかユーモラス。コロコロと地面に転がる様子は愛らしく、動くぬいぐるみのようだ。

そして別れるときは、必ず曲がり角まで見送りにくるのだった。

この頃私は、野良猫の存在が地域に引き起こす社会問題について、インターネットの記事や本を読んである程度理解していた。

無責任に野良猫に餌をやってはいけない。それによって、その場所が猫たちのたまり場になるからだ。糞尿を残したり、車を爪で傷つけたり、花壇を荒らすなどの行為によって近隣住民に迷惑がかかる。集まった猫たちの間に子猫が生まれれば野良猫の数はさらに増え、被害は拡大する。

それはわかってはいたが、ハチワレがいつもお腹をすかせているのは明らかだった。後ろめたさを感じながら、ハチワレに会いに行くときはドライフードを携帯していた。

小さなプラスチックの器にフードを入れて道路脇に置くと、ハチワレは猛烈な勢いで食べる。空腹が満たされるとゆっくりと顔を洗い、私の後をついてまわる。私が駐車場の車止めに腰をおろすと、膝の上をのぼったり降りたりする。気がすむと、砂利の上に行儀よく座り、そのままじっとしている。

膝の上に座りたいのかな？　どうしたらよいのだろう？　そんなとまどいも、日が経つにつれて消えた。陽の光を浴びながら、ハチワレと並んでぼんやり過ごす時間は心地よかった。

駐車場には、ほかの野良猫も何匹か現れた。その中にはにゃーにゃや、私が住むマンションの塀の上に来ていた「あのこ」も混じっていた。彼らが視界に入るや否や、ハチワレはそれまでの様子とは一変、姿勢を低くしてうなり、牙をむき、今まさに飛びかからんとするポーズで威嚇する。猫たちが退散すると、何ごともなかったかのように甘えた声で「ほなー」と鳴いた。

猫が威嚇をするのは、自分の縄張りや身を守るためだ。生き抜くためには、古タイヤにたまった雨水も飲む。雨水を飲んだ後、苦しそうに嘔吐するハチワレを見たときは、胸が痛んだ。

猫は動くぬいぐるみなどではない。

ハチワレを抱き上げることができるのか試してみた。驚くほど簡単に持ち上がったので、だらーんと四本の足を下げた体勢のまま、停めていた自転車のカゴに入れると、すぽっと収まった。すぐさま飛び降りたが、逃げはしなかった。

季節は秋から冬へと移ろうとしていた。私はウールのコートを着ていた。車止めに腰をおろすと、ハチワレはいつものように膝の上にのぼり、その日は降りることなく、膝の上で丸くなった。

コートがぬくぬくして気持ちいいのかな。そう考えながらゆっくりと上下する体をなでていたら、小さな寝息が聞こえてきた。涙がこぼれた。私の心は決まった。

## 〜ハチワレを保護したい。反対にも決意は揺るがなかった

「あのハチワレ、保護してうちで飼おうと思うんだ」

ある日の夕食時、私はツレアイに切り出した。彼もハチワレの存在は知っており、二人でアパートの前を通る際には、一緒になでたりしてかわいがっていた。

「はあ？　何を言ってんの、そんなの無理だよ」

耳を疑った。まさか頭ごなしに否定されるとは思っていなかったからだ。

「え、だって、野良猫は飼ってあげたほうがいいって、前に言ってたじゃない」

「そうだけど、それは飼える環境にある人がすることで、うちでは無理だよ」

「でも、にゃーにゃのときは、飼ってあげればって言ったよね」

「まさか本当に飼うって言い出すとは思わなかったから」

少し腹が立った。ブティックで新作のバッグを買おうかどうしようか迷っている友人に「買っちゃえば」と言うような、無責任な後押しと同じレベルだ。

彼が反対する理由はこうだった。

一軒家ならまだしも、外にいた猫が狭いマンションに閉じ込められるのは不憫だ。外と家とを自由に行き来できないのは多大なストレスに違いない。また、猫は日当たりのよい縁側などを好むが、うちには日中さんさんと日が差し込む南向きの窓がない。

さらに、高いところが好きな猫は、クローゼットや本棚にのぼって物を落とす危険もある。ソファで爪を研ぐだろうし、カーテンは破るし、家が荒れる。飼育費や、病気になったときの治療費の問題。また出張や旅行の際はどうするのか。

そして、猫はいつか死ぬ。彼は子どもの頃、飼っていた猫が病気で亡くなったとき、ひどくかわいそうな様子で、それが今も忘れられないそうだ。あのような姿を見るのは二度と嫌だと言う。

しかし、自分の中に根を張ってしまった「ハチワレを保護する」という決意は、ちょっと反対されたぐらいでは揺るがなかった。

私は「どうしても飼う」と泣きわめいた。しかし、それだけではあまりにも大人気ない。そこでツレアイを説得するための材料を集めることにした。

まずは日当たりの問題である。インターネットで検索し、東京都動物愛護相談センターに電話をかけた。

「家に日中、日が差し込む南向きの窓がないのですが、猫は飼えますか」とたずねると、「太陽光がまったく入らない家に住んでいるのですか？」と怪訝な声。午前中は東南の窓からたっぷり日光が入ることを話すと「でしたら問題はありません。それより、猫が好きな上下移動ができる環境をつくることのほうが大切です」とアドバイスされた。

次に近所の書店に出向き、初心者用の猫の飼育書を数冊購入。帰りに動物病院に二軒立ち寄り、野良猫を保護して連れてきた場合、血液検査や寄生虫の駆除、ワクチン接種等にいくらかかるか、費用を試算してもらった。どちらの病院でもペットホテル業務を行っており、一泊数千円で預かってもらえることもわかった。

ツレアイが猫を飼っていたのは、今から三十年以上前のこと。都会ではなく田舎だったこともあり、室内飼いは一般的ではなかった。彼にとって猫を飼うとは、猫が自由に外出できる放し飼いを意味した。

しかし、東京のような都市においては、交通事故や感染症、迷子などの危険を考えても放し飼いがよいとはされていないこと、東京都も「都市での望ましい猫飼育のありかた」の一つとして、完全室内飼いを推奨していることを伝えた。そして飼い主が環境を整えれば、猫は室内だけで暮らせる動物であることを、飼育書を広げて力説した。

飼育にかかる費用や、実質的な世話はすべて私が負担することも伝えた。

こうして「ハチワレを飼いたい」と伝えてから五日後、ツレアイは「好きにしていいよ」と言った。

あとになって「賛成してくれた決め手はなんだったの」と私は聞いた。「これ以上反対したら、こっちが追い出されそうだったから」と彼は答えた。

## 6 ハチワレを本当に飼う？　迷う時間はもうない

野良猫を保護すると決まったら、まず必要なのは猫を運ぶためのキャリーバッグだ。

猫の飼育書には「保護した野良猫は家にはすぐに上げずに、その足で動物病院に連れて行き、健康状態を確認せよ」とある。人にもうつる感染症を持っていたり、ノミやダニを家に撒き散らす危険があるからだ。

私は、ペット用品を扱う店へ行って現物を見たり、インターネットで物色し、プラスチック製の少し大きめの、頑丈そうなものを購入した。

家にキャリーバッグが届くと、ハチワレを引き取ることがいよいよ現実味を帯びてきた。同時に、うれしい、とは別の感情が湧き上がってきた。

無事に保護し、病院で検査をして健康状態に問題がなく家に連れてきたとしても、果たして馴染んでくれるのだろうか。こちらが生涯面倒を見る気でも、当のハチワレがそれを望まないかもしれない。外に出られないストレスによって、家の中を荒らすかもしれない。そのような状況になった場合、私とツレアイは耐えられるのだろうか。

飼い主のいない猫を保護し、譲渡をしている保護団体から引き取る場合は、相性などをみるためにトライアル期間が設けられているらしい。猫と実際に暮らしてみて問題がなければ正式譲渡、となるケースも多いと聞く。

しかし、今回はぶっつけ本番だ。

私はアパート脇の駐車場で、あいかわらず毎日ハチワレと並んで座りながら、保護する日をいつにしようかと、思いあぐねていた。

ある日、アパート前に行くと、ハチワレは縁側で日向ぼっこをしていた。私を見ると鳴きながら足元までやってきた。しゃがんでなでていると、縁側のサッシが開き、年配の女性が顔を出した。

彼女は私と目が合うと微笑んだ。私は会釈をした。そして「この猫、いつもここにいますよね」と話しかけた。

「そうなの、いつも午前中はうちの縁側で日向ぼっこをしているのよ」

彼女はそう言い、縁側から外に出てきて、ハチワレをなでた。

「私も猫が好きでね、これまで何匹も飼ったわ。今のアパートでは飼えないけれど。妹は野良猫の保護に関わる仕事をしているの」

私は、初対面のこの女性に、ハチワレを家で飼おうとしていること、ツレアイも了承してくれたこと、それでも、まだ不安があることを打ち明けた。

「でも、元は飼い猫みたいだし、これだけあなたに懐《なつ》いているのだったら、大丈夫じゃない？　それに、猫は賢いわよ。外で暮らしていた分、家に落ち着くまでには時間はかかるかもしれない。でも、『ここが安全』とわかれば、自分の居場所を見つける動物だから」

と彼女は言った。

「そういうものなんですか……」

「そうよ。とにかく一度連れて帰ってみたら。もし無理だと思ったら、ここに戻しに来ればいいじゃない」

いくらなんでも、それはまずいだろうな、と思った。でも、気持ちは軽くなった。

女性は、「もしあなたがこの猫を引き取ったら教えてね、急に猫がいなくったら近所の人たちが心配すると思う、お世話をしてくれる家がみつかったと、私から伝えておく」と笑顔で言った。


その二日後のことだった。

いつものようにアパート前に行くと、姿を現したハチワレの歩き方がおかしかった。右前足が地面に着けられないようだ。よく見ると、足の先が腫れていた。

心配になり、翌日の昼ごろ、またアパート前に行った。すると女性が二人、ハチワレを囲んで立ち話をしていた。一人は、以前から顔見知りのアパートの住人だった。

「足の状態が、昨日よりひどくなっているのよ」

と彼女は言った。

寝そべっていたハチワレは立ち上がり、三本足で歩き出した。「骨折？」「怪我？」と言い合うこちらの心配をよそに、道路の真ん中に移動すると、その場に転がって私たちの方を向き、「なでてちょうだい」のポーズでお腹を見せた。

病院に連れて行かなければ、と思った。もう迷っている時間はない。

「この猫を飼おうと思っているんです。夕方、キャリーバッグを持って迎えにきます」

私は、女性たちにそう宣言した。

## 7 ハチワレ猫ついに保護。人生初の動物病院へ

二〇一五年十二月七日の夕方、仕事をすませた私は、キャリーバッグを自転車の荷台にのせ、アパート前に戻ってきた。

いつものように足元にすり寄るハチワレの横に、そっとキャリーバッグを置いた。ハチワレは特に警戒する様子はない。

アパートの住人に「猫を引き取ります」と宣言したことと、ハチワレが足を怪我していたことは好都合だった。

飼い主のいない猫だとはっきりしているとはいえ、路上の猫を捕まえようとする行為は、窃盗と映らなくもない。もし、通りがかりの人に不審がられ、声をかけられたとしても「猫を保護するのです。アパートの人にも話をしてあります」と堂々と言うことができる。

また、足を怪我したことで多少身動きが不自由になっている今なら、抱えてキャリーバッグに入れることも容易に思われた。

私は小さく深呼吸をし、キャリーバッグの上部の蓋を静かに開けた。インターネットの動画サイトなどで見た「猫の正しい抱き方」通り、脇の下に片方の腕を入れて抱き上げ、もう片方をお尻の下に当てて支え、ペットシーツを敷いたキャリーバッグの底に下ろした。そのまま上の蓋をパタンと閉めた。

とたんに、ハチワレは「ナオーン」と、これまで聞いたことのないような、犬の遠吠えにも似た心細そうな声で鳴き出した。焦りと緊張で顔が熱くなるのを感じながら夢中でキャリーバッグを荷台にくくりつけると、自転車にまたがり、動物病院へと向かった。

病院までは三百メートルほどの距離なので、あっという間に到着するはずだった。しかし、自転車をこぎ出してほどなく、荷台にしっかりとキャリーバッグが固定されていないことに気がついた。慌てて自転車から降り、紐を巻き直そうとしたが、気が急いてうまくいかない。その間ハチワレは鳴き続け、すれ違う人は視線を向ける。

結局、右手でキャリーバッグを押さえ、左手で自転車を押しながら病院に向かった。

たどりついたときには、背中にびっしょりと汗をかいていた。


病院の受付で名乗り、野良猫を保護したので検査をして欲しい旨を伝えると「先日お問い合わせいただいた方ですね」と看護師さんは覚えていてくれた。待合室で待つ間もハチワレは絶えず細い声で鳴いている。

名前を呼ばれ、診察室に入り、促されるままにキャリーバッグを診察台にのせる。私は、ハチワレが生活していた環境や保護した経緯を説明した。四十代前半と思われる男性の院長先生は、「では診てみましょう」と言い、キャリーバッグの前の扉を開けてハチワレを引っ張り出した。ハチワレは抵抗することなく、されるがままになっている。

「男の子で、去勢済みですね。お外で暮らしていて一年ですか。まだ若い猫ちゃんなのかな」

先生は言い、ハチワレの口を開け、のぞき込んだ。

「歯がほとんどないですね。しかも歯周病がひどい。この歯の状態からみて、五歳は超えていますね、毛艶から推察すると十歳まではいってなさそうなので、七〜八歳というところでしょう」

私は少しがっかりした。若い猫だったらいいなと漠然と思っていたからだ。七〜八歳は、人間でいえば四十代なかば。私とほぼ同年代だ。

怪我をしている足に関しては、他の野良猫とケンカをして噛まれたものだという診断だった。消毒をし、抗生物質を投与すれば数日で治るだろう、とのこと。

次は血液検査だった。看護師さんがハチワレの足を押さえ、先生が採血をする。「猫ちゃんの顔を見て、頭をなでてあげてくださいね」と言われ、ハチワレをなでる。

わめいたり暴れたりすることなく、おとなしく血を抜かれるハチワレ。

「野良ちゃんだったなんて信じられない。おとなしくて、おりこうだねえ」

と、ほめる看護師さん。

うれしく、誇らしい気持ちが湧き上がってきた。子どもを持ったことのない私は、保護者として、誰かに付き添って病院に来たのは人生初のことだった。

## *8*　飼い猫には名前が必要なのだ

血液検査の結果、ハチワレは健康上に特に問題はなく、猫白血病と猫エイズも陰性だった。強いていえば体重が五キロと「ぽっちゃり気味」なので、これ以上太らせないように注意することぐらいだった。

感染症予防のためのワクチン接種、栄養補給のためのビタミン剤注射、ノミダニ駆除薬の投与に、人を引っ搔いたり家具を傷つけたりという危険を回避するための爪切り。

家猫になる準備が着々と進むなか、仕事を終えたツレアイも病院にやってきた。

ツレアイは、今日から三日間は仕事が立て込んでいた。「家に迎えたばかりのハチワレが夜中に鳴いたり、走り回ったりして睡眠に支障をきたすと困る」と彼は言い、この三日間、動物病院のペットホテルで預かってもらえないかと頼むために来たのだった。先生は「足の怪我の経過も見られるからいいですよ」と快諾してくれた。看護師さんも「いい子そうだから、お泊まりも大丈夫じゃないかしら」と言う。

「ただ、名前はどうしましょう？　病院内で呼ぶのに名前がないと不便なので……」

と看護師さん。

飼い猫には名前が必要だ。当然のことだが、このときまで考えたことはなかった。ハチワレを引き取る日までに決めてくることにし、それまでは適当な名前で呼んでくださいと頼み、キャリーごとハチワレを預けて病院を後にした。

その晩、私たちは近所のビストロで祝杯をあげた。

翌日の午後、ハチワレの様子が気になり病院に電話をした。すると、

「猫ちゃん、くつろいで横になっていますよ。今日は缶詰を食べて、オシッコもちゃんとしました」とのこと。

病院のケージに入れられると、暴れるか緊張してかたまってしまい、水も食事も受け付けなくなる猫がいることは知っていた。どうやらハチワレは状況にあまり動じない性格らしい。安心したところで、次は名前だ。

私は「クグロフ」という名前をひそかに考えていた。「クグロフ」は、私がかつて「お菓子修業」と称して長期滞在したことのあるフランス・アルザス地方の郷土菓子の名称だ。愛称は「クーちゃん」かな、と漠然と思い描いていた。

しかし、飼い主の思い出を投影した、猫の個性とは無関係な外国語の名前をつけることに、気恥ずかしさもあった。だから言い出せないでいた。

その日の夕食の席で「ハチワレの名前、どうする？」と私はツレアイにたずねた。

数秒の間があり、

「ぽんた」

と彼は答えた。

「あの猫は『ぽんた』っていう感じがする。『ぽんた』がいいよ、名前」とツレアイ。

「それいいね、そうしよう！」と私。

どうして賛成したのか、自分でもわからない。でも「ぽんた」と聞いた瞬間に「クグロフ」の案は頭から消えていた。

飼育書によると、猫を引き取るのは、午前中が望ましいそうだ。夜までに新しい環境に慣れさせるためで、できれば休日など飼い主の時間に余裕のある日がよいという。だから引き取る日を含めて三日間は外出の予定は入れないようにしていた。

久しぶりに病院で見るぽんたは、毛艶がよくなり、特におなかの部分が白く、こぎれいになっていた。数日室内にいただけでこんなにも変わるのかと驚いたが、それは毛づくろいのせいだと看護師さんに聞き、さらに驚いた。毛づくろいは、ただ気持ちがよいからやっているだけかと思っていた。毛や地肌についた汚れを取り除くためだとは知らなかった。

自転車でぽんたを家に連れて帰り、玄関にキャリーバッグを置き、扉を開けた。

ぽんたはゆっくりと顔を出し、そろそろとキャリーから出てくると、部屋の中を徘徊しはじめた。私はすべての部屋のドアを開け放った。ときどき鼻をヒクヒクさせながら、用心深く、しかし興味深々といった様子で部屋という部屋を渡り歩く様子は、飼育書に書いてある「探検」の行為そのままだ。

今日から、人間二人の生活に、猫一匹が加わる。家の中に猫がいる風景は、見慣れないせいかどこかよそよそしく、私に不安と緊張を与えた。

新しい生活に慣れるまで、どれくらい時間がかかるのだろうか。

# 9 最初の夜、元野良ぽんたは取りつかれたように鳴いた

ぽんたは、ひととおり家の中の探検を終えると、ツレアイの部屋のベッドの下にもぐりこんだ。

ツレアイと私は、仕事の関係上生活のペースが異なるため、部屋は別にしている。写真の仕事をしているツレアイは、ライトを立てるためのスタンドや三脚などを入れた大きな布製のバッグをいくつかベッドの下に並べて置いていた。ぽんたは、その上にうずくまった。

目をまん丸に開いてこっちを見ている。平らでもなく、ゴツゴツした場所で居心地が悪くないかと思ったが、動く気はないらしい。とりあえず気に入った場所をみつけたようなので放っておくことにした。私は台所で遅めの昼食をとり、仕事をするために自室でパソコンに向かった。

ときどきぽんたの様子を見に行く。まん丸だった目は小さくなり、目を細めてトロンとした表情で香箱座りになり、やがて、頭を自分の前足にのせて丸くなった。

夕方、「ぽんた、来た？　どうしてる？」と興奮しながらツレアイが帰宅した。自室でぽんたを見つけると、「あ、商売道具の上で寝てる。まあ、いいか」と苦笑いをした。

私たちが部屋を出て行こうとすると、ぽんたはベッドの下から出てきた。両前足をぐーんとのばし、顔を上げて「なー」と鳴いた。よかったよかった、元気そうだね、と言って頭をなで、足にまとわりつくぽんたと一緒に台所へ移動し、ドライフードと水を入れた容器を床に置いた。すると、待ってました、とばかりの勢いで平らげ、水を飲んだ。

その後、ぽんたは私の部屋のクローゼットの奥に引っ込んだが、人間が食事をしたあとに再び現れると、一緒にリビングのソファの上で横になったり、居眠りをした。

さほど警戒することもなく、家に慣れたようでほっとした。しかし、ひとつ気になることがあった。

トイレだ。

「猫のトイレのしつけはそれほど難しくはありません。猫が床の匂いをかぎながらウロウロしたり、床を掻くような仕草をしたら、オシッコのサイン。素早くトイレの中に入れれば、排泄するでしょう」ということが飼育書に書いてあった。確かに、日中、「サイン」を見せることはあった。だから指南どおり、用意していた猫用トイレの上に運んだのだが、すぐに出てしまった。あれはサインじゃなかったのかな、などと考えているうちに、気がつけば、夜も十時をまわっていた。

家に来てから、まだ一回も排尿していない。

そのときだった。突然、何かに取りつかれたかのようにぽんたが鳴きはじめた。保護した直後、動物病院に連れて行くときに聞いた、犬の遠吠えにも似た「ナオーン」だ。今回はより力強く、何かの意思を感じさせる。

ぽんたはソファから飛び降りると、これまで見たことのない勢いで壁際のチェストに飛びのり、外に向かって大きく鳴いた。それから台所、私の部屋、ツレアイの部屋と家中を走り回り、窓という窓に駆け寄っては後ろ足で立ち上がり、前足で窓を掻く仕草をした。鳴き声はどんどん大きくなり、止む気配がない。近所迷惑になると焦り、買っておいた猫用のおやつを与えてなだめようと試みた。食べているときはおとなしいが、食べ終わるとまた鳴きはじめる。

ツレアイは「猫は夜に行動が活発になる生き物だし、家に来たばかりで興奮しているのだろうから、放っておくしかないよ」と言い、自室にこもってドアを閉めてしまった。

私は、寝る前にもう少し仕事を進める予定だったが、それどころではない。ぽんたが行くところをついて回り、せっせとなでては「大丈夫だよー、ここは安全なところだから」と声をかけてみるが、通じる様子はない。

結局、ぽんたは夜通し鳴き続け、明け方にやっと私のクローゼットの奥に潜り込んで眠りについた。やれやれとこちらも布団に入ろうとすると、掛け布団の隅が濡れている。顔を近づけると、これまで嗅いだことのない強いアンモニア臭がした。

## 10 元野良ぽんたが望んでいたトイレとは

夜鳴きと粗相をした翌日の午前中、ぽんたは、居間や台所に来ては、食卓やチェストにのぼったり、寝不足のためソファでうたた寝をする私の横にすり寄ってきたりした。隠れている時間が多かった昨日に比べると、だいぶ環境に馴染んできたようだった。

今日も、私は外出の予定を入れていない。なんとか、トイレを成功させたい。

昼頃、ぽんたが床を掻く仕草をした。「トイレサインだ」と思い、抱き上げて砂にのせるが、くるりと向きを変えて出てしまった。

落胆する私の横でツレアイは言った。

「そんなトイレで、本当に猫はオシッコするの？」

私が購入した猫トイレは二層式で、すのこ状になった上段に固まらない猫砂を入れ、下段には尿を吸収するためのシートを敷いて使用する、システムトイレとも呼ばれるものだ。これを選んだのは、近所に住む猫飼い経験のある知り合いが使っていたからだ。「閉め切った部屋でも臭わないし、しょっちゅう猫砂を交換する手間もいらない」とすすめられ、便利で快適そうだと思ったからだった。

「砂っていうけど、こんなに粒が大きいんじゃ、のったときに痛いんじゃないかな？ それに猫は本来、砂や土を掻いて排泄する習性があるのに、二層式では踏ん張れなくて安定が悪い。第一、こんな砂じゃ、掻けないよ」

とツレアイは続けた。

私は、「今人気のトイレらしいから大丈夫」と説明した。ただ、確かに猫砂は、知り合いの家で使用していたものより粒が大きく、素材も硬そうだ。そこで、粒の小さい紙製の猫砂を近所のスーパーまで買いに行き、入れ替えた。その後、注意深く、ぽんたの「トイレサイン」を待つが、気配はない。

嫌な予感がして、寝室に行ってみた。ベッドの上には形跡はなかったが、何気なく出しっぱなしにしておいたキャリーバッグに目をやると、中に敷いた紙製のペットシーツが濡れている。

私は、シーツが吸い込んだ尿を絞り、ティッシュに染み込ませ、新しい猫砂の上に置いた。猫は、自分の尿の臭いがついた場所をトイレと認識し、排尿をするらしいからだった。

今度こそはと期待をかけて、再びぽんたがトイレサインをしたタイミングでトイレに運ぶ。しかし、ぽんたは、ティッシュの臭いを嗅いだものの、またもや興味なし、という感じで、床に飛び降りてしまった。そのまま、私の部屋に入っていくので追いかけると、ベッドに飛びのり、前足を揃えて立てたまま腰を落とし、じーっと一点を見つめたまま動かない。あっと思い慌てて抱き上げると、シーツの隅が温かく、しっとりと濡れていた。

ツレアイと二人、あたふたとシーツをはいでいる横で、申し訳なさそうに鎮座しているぽんた。でも、悪いのは、ぽんたではないのだ。

そうこうするうちに夜もふけ、深夜、ぽんたがまた大声で鳴き始めた。

昨晩同様、ぽんたは家の中を走り回る。ソファの上に飛び乗ったとき、おしりからコロンコロンと茶色いブツが転がり落ちた。慌ててティッシュで拾う私の足元で、トイレサインをはじめた。

ツレアイが叫んだ。

「ベランダから四角いプランター持ってきて！」

家のベランダには、育てていた植物が枯れたあとの、土だけになったプランターが幾つも放置してあった。そのうちの一つ、口が広く浅めのものを家の中に運び、急かされるままに、ツレアイが床に敷いた新聞紙の上に置いた。

ぽんたはプランターの臭いをかぐと飛びのり、前足を高速回転させて土を掘ると、その上に座った。まもなく、プランターの下からちょろちょろと液体が流れ出て、新聞紙に吸い込まれていった。

「さすが、元野良だなあ」と感心しているツレアイ。

動物との暮らしは、マニュアル通りにはいかない。システムトイレが「便利で快適」なのは人間の目線からであり、猫も同じかどうかはまた別だ。

砂を思いっきり掻くことができ、どこかほっとした様子のぽんた。

「トイレができてえらいね、気がつかなくてごめんね」

頭をなでながら、私は言った。

## 11　家に来てから十日、元野良ぽんたの思わぬ変化

ぽんたがプランターでのトイレに成功した翌日、ツレアイと私は近所のスーパー内にあるペット用品売り場にでかけた。

システムトイレは諦め、スタンダードなたらい型のトイレ容器を使用することに決めたが、プランターの土を使い続けるわけにもいかない。尿を吸収して固めるタイプの猫砂が必要だった。

インターネットで検索したところ、自然の砂に近い鉱物系の猫砂が「猫に好まれやすい」とあった。それにするつもりだったが、実際に袋を持ってみると重いし、「不燃ゴミとしてしか処分できないと書いてある。これは不便」とツレアイに却下された。物色した結果、「自然の中に存在するものに近く、ぽんたが気に入りそう」という理由から、ヒノキの木屑で作られた猫砂を選んだ。消臭効果が高く、可燃ゴミとして出せるのはもちろん、トイレに流せることも魅力だった。

しかし、いきなり「この猫砂の上でオシッコをしなさい」と言っても、素直にすると

は思えない。

そこで、まずプランターから入れた土を一部取り出し、代わりにヒノキの猫砂を入れて様子をうかがった。ぽんたが排尿するのを見届けて、次に、この猫砂が混じったプランターの土と、まっさらな猫砂を合わせ、すのこを外したシステムトイレの本体に入れた。容器は変わっても、中身に自分の臭いがついているためか、ぽんたは問題なくトイレとして認識した。

こうして徐々に猫砂の分量を増やしていったところ、三日後には、すべて猫砂となったトイレでぽんたは「大」と「小」を披露し、砂を掻いて満足そうに容器から降りた。私たちは大喜びで「ぽんた、えらい、えらい」とほめちぎった。そして翌日、ぽんたの体形に合った、たらい型の大きいサイズのトイレ容器を新調したのだった。

しかし、夜鳴きはおさまらなかった。近所迷惑ではないかと不安になった私は、マンションの隣とすぐ上の階のお宅をたずねた。猫を飼いはじめたことを話し、菓子折りを手渡し、「数日たてば家に慣れて落ち着くと思います」と謝った。両家とも「鳴き声はまったく聞こえませんよ」と言ってくれたが、気が気ではなかった。

猫が夜鳴きをする原因はさまざまらしい。なじんだ環境から急に知らない場所に連れてこられた場合、寂しさや不安を感じて鳴くこともあるそうだ。

だとしたら、その寂しさや不安が消えるまで、待つしかない。

昼間、家にいるときは、できるだけなでたり、話しかけたりし、ぽんたの相手をした。夜は、ぽんたが鳴いて走り回っていても、一晩中つきそうようなことはせず、できるだけ通常通りに過ごした。飼い主がオロオロすると、余計に不安をあおると感じたからだ。また飼い主が宵っ張りなのもよくない気がした。夜中に仕事をするのはやめて、常識的な時間にベッドに入るように心がけた。

そうするうちにぽんたが夜鳴きをする時間は徐々に短くなった。家に来てから十日が過ぎる頃には、ほとんど鳴かなくなった。それまではクローゼットの中を寝床にしていたが、私がベッドに入ると、布団の上にのぼってきて足元に丸くなり、一緒に眠るようになった。

その頃、ぽんたを再び動物病院に連れて行った。保護したときに怪我をしていた前足の状態を見せにきて欲しいと言われていたからだ。

怪我は完治していた。ついでに、持参した排泄物で検便をしてもらったところ、こちらも問題はなし。ただ、驚いたのは、ぽんたの体重が五・五キロと、十日前より〇・五キロも増えていたことだった。

「これは、よくないですね、何かされましたか?」と先生。

「実は……夜鳴きがひどかったので、なだめるためにおやつをあげていました」と口ごもる私。糖尿病や心疾患などにかかるリスクが高くなるので、五キロ以上には太らせないようにと、以前先生から注意されていた。

「ダイエットをしたほうがいいですね、おやつは控え、食事の量を減らし、できれば四・五キロを目指しましょう」

先生はいとも簡単に口にする。しかし、食欲旺盛なぽんたから食べる楽しみを奪うのはかわいそうだ。きっと容易ではないだろう。

せっかく家に馴染んできたところなのにと、私は気が重くなった。

## *12* ぽんたの不満と不安

十日間で〇・五キロも体重が増えてしまった、ぽんた。理由は、夜中におやつをあげていたからだと思っていたが、動物病院から戻り、ぽんたに普段食べさせているドライフードの袋をあらためて確認し、それだけではないことを知った。

私が与えていたのは、スーパーに売っている日本のメーカーのものだった。袋には、体重五キロの成猫には一日につき八十グラムが適量だと記載されており、規定は守っていた。熱量に換算すると三百二十カロリーだ。

しかしこの日、病院ですすめられて購入した海外のブランドのものは、体重五キロの成猫の標準給餌目安は七十グラムで、熱量は二百五十カロリー。低カロリー設計になっているとはいえ、私があげていたものに比べ、七十カロリーも少ないのは気になる。

そこでインターネットで成猫に必要な一日の適正カロリーについて調べた。すると、体重や年齢のほかに運動量、完全室内飼いかそうでないか、去勢・避妊済みか否かなど、猫によって必要なカロリーは異なることがわかった。

ぽんたの場合は、シニア猫で去勢済み、家の中での部屋から部屋への移動以外たいした運動はしていない。三百二十カロリーは明らかにカロリーオーバーだったのだ。病院で購入したフードの内容をよく読むと、去勢後から七歳頃までの雄猫用、とある。去勢・避妊手術後の猫は体重が増加しやすいために、低カロリーかつ高たんぱくに設計されているのだった。

ぽんたは、フードを器に盛れば盛っただけ食べる。猫を飼っている知り合いからは「猫は犬とは違い、どれだけ器にフードを入れても、そのときに自分に必要な量しか食べないから太らない」と聞かされていた。私はそれを鵜呑みにしていた。

しかし、すべての猫には当てはまらないようだ。ぽんたは、野良生活をしていたため「食べられるときに食べておかないと」という生命への危機感もあり、必要以上に摂取してしまっているのかもしれない。

ツレアイは、ダイエットに難色を示した。「こんなに食べたがっているのにかわいそう。猫はちょっとぽっちゃりしているぐらいがかわいい」と言う。だからといって、これまでと同じ量を与え続けるわけにはいかない。ひょっとして、今の環境に慣れてくれば食べる量が落ち着くかもしれない。しかしその前に病気になったらどうするのか。肥満が原因で健康を害したら、苦しんでかわいそうなのは、ぽんただ。そして、治療費を払うのは私なのである。

病院では、体重四・五キロを目指すのであれば、一日の給餌量を五十グラムにするようにと言われた。これまでの八十グラムに比べると、三分の二以下だ。

その日の夜、私は新しいぽんたのフードを空け、廊下に置いてある器に適正量を入れた。このフードの試供品は、すでに与えたことがあり、ぽんたが食べることは知っていた。ぽんたは、スズメの涙ほどの量を瞬く間に平らげると、前足を揃えて座り、顔を上げてじっと私を見つめた。「これだけ？　もっとないの？」というような表情だ。

「ごめんね、今日からごはん、減らさなきゃいけないんだよね」と私はつぶやき、その場から立ち去った。しばらくぽんたは空の器を見つめていたが、諦めたのか、居間のソファの上に移動し、くつろぎはじめた。

聞き分けがいいな、とほっとしたが、しばらくすると、また器の前に座っている。私の視線に気がつくと、こちらを向き、じっと目を合わせる。

「ごめんね、病気になると大変だから」と言って頭をなでる。心が痛むが、最初が肝心、と自分に言い聞かせた。

その日の夜中、ぽんたは、久しぶりに大声で鳴き、家の中を走り回った。間違いなく、食事の量が足りないのが不満で、不安なのだ。

ツレアイが起きてきて言う。

「急に減らしちゃ、かわいそうだよ。今晩はもう少しごはんをあげて、ダイエットは明日からにしたら」

自分だってダイエットになかなか成功しないのに、猫だけにさせるのは酷じゃないか、などとつぶやき去っていくツレアイの背中をにらみ、私はフードを器に盛り、ぽんたの前に差し出した。

## 13 ほなー、午前三時の減量作戦は好スタート

ダイエットを成功させるには工夫が必要だ。単に食事の量を減らすだけでは難しい。人間の場合も同じだ。

ぽんたを適正体重にするには、一日のドライフードの給餌量を五十グラムに減らすようにと動物病院では言われた。それを、五十三グラムと少し緩めることにした。その分、体重が減るまでに時間はかかるが、ぽんたの場合は極度の肥満というわけではない。そう厳しくする必要もないだろう。

また、食事は一日二回、朝晩に与えるのが基本だそうだが、これを午前二回、午後一回、夜三回の六回に分けることにした。空腹の時間が長いよりは、こまめに食事ができるほうがストレスが少ないと考えたからだ。

幸い、私は家で仕事をしていることが多い。このダイエットプログラムを実行するのは、それほど苦ではない。

ぽんたは毎回の食事をあっというまに平らげ、「まだないの」という顔でしばらく容

器の前に座っていた。だが、こちらにその気がないとわかると、あっさりと立ち去った。

しかし、最後の食事を午前○時頃に与え、私たちがそれぞれの部屋に引き上げると、数時間後に鳴き出した。

私は布団をかぶり、無視に徹することにした。「規定量以上の食事をせがまれても相手にしないこと。鳴いたからといってフードを与えると、要求が通るまで鳴くようになる」と飼育書にあったからだ。

「相手にしなければ、そのうち諦める」と心の中で唱えながらじっとしていると、居間から大きな音がした。飛び起きて行ってみると、チェストの上に置いていたパソコンの、キーボードがだらんと垂れ下がっている。ぽんたはというと、翌朝のゴミ出しのために土間に準備しておいた、ゴミを入れたビニール袋を破り、中をあさろうとしていた。

「そんな野良猫みたいなことをしちゃダメ！」と私は慌てて抱え上げ、自室に連れて行き、ドアを閉めた。ぽんたは部屋の中を徘徊しながら鳴いたが、私は布団をかぶって目を閉じ、ぽんたが鳴き止み、クローゼットにもぐり込むまでそうしていた。

翌日は、午前○時の給餌量を半量にし、残りを午前二時頃に与える方法を試みた。これは少し効を奏した。ぽんたは食後、三時すぎに少し鳴いただけで、すぐに私の布団の上で眠った。

しかし、こんなことをしていては人間のほうが睡眠不足になる。なにかよい方法はないかと、インターネットで検索をしていると、自動給餌器なるものの存在を知った。その名の通り、フードを自動で決まった時間に規定量を与えることのできる器械だ。

さっそく、隣町のショッピングセンター内にあるペット用品店へ出向き、デザインがシンプルで、もっとも安いアメリカ製のトレータイプを購入した。蓋のついた容器が二つつながっており、それぞれにダイヤル式のタイマーが付いている。設定時間になると蓋が開き、中のフードが食べられる、というものだ。電池式なので設置場所を選ばないという利点がある。

ただ問題は、最大四十八時間後まで設定できるため、タイマーが二時間刻みと非常にアバウトなこと。しかもダイヤルの遊びが大きく、たとえば四時間後にセットしたのか、六時間後にセットしたのかがわかりにくい。

その日の午前〇時、私は二時間後にセットした自動給餌器を、フード用の容器の横に置いた。午前〇時の食事を終えたぽんたは、見慣れないプラスチック製の箱の匂いをいぶかしげにふんふんと嗅ぎ、前足で蓋をちょんちょんとつついた。すると、パカンと蓋があいてしまったではないか。

セットする時間が短く、ダイヤルが「ゼロ」に近すぎて、器械の爪のひっかかりが悪かったためだろう。不良品じゃないかと疑いつつ、四時間後にセットし直し、私はぽんたを抱えて就寝体制に入った。

数時間が経ったであろう頃、ぽんたが廊下に出て行く気配を感じた。「ほなー」と鳴くと、まるでそれが合図だったかのように給餌器の蓋が開き、フードを食べているらしき音が聞こえてきた。

ぽんたは、おとなしく部屋に戻ってくると、ベッドに飛びのり、私の足元で丸くなった。

時計を見ると、午前三時。給餌器は四時にセットしたのになあ、と思いながら、とりあえずうまくいきそうなことにほっとしているうち、意識が遠くなった。

## *14* ぽんたのぼる！　家猫になっていく姿がうれしかった

ぽんたが家に来て三週間が過ぎ、二〇一五年が暮れようとしていた。

ダイエットは順調だった。ぽんたを抱いて体重計にのり、そこから自分の分を引くという方法で体重を量ると、開始から一週間で百グラムが減っていた。

夜中、「ナオーン」とせつない声を上げ、部屋の中を駆け回ることもなくなった。代わりに、朝の六時頃に「なー」と元気な高い声で鳴き、食事をねだるようになった。

ぽんたは、一日のほとんどを私の部屋の、おもにクローゼットの中でじっとして過ごしていた。

午前中は食事のあと、しばらくリビングにいたり、台所にやって来て日向で毛づくろいをするが、その後は引っ込んでしまう。食事とトイレ以外はほとんど出てこない。私は、リビングのテーブルで仕事をしていることも多いため、なんとなくつまらなかった。

夕方から夜にかけてはリビングに現れるが、石油ストーブがついているとすぐに出て行ってしまう。ストーブのファンが回る音なのか、灯油の匂いのせいなのか、理由はわからないが、石油ストーブが嫌いなのだった。

夜中に走り回っていたときは、チェストや、ダイニングテーブルの上に飛びのっていたのに、昼間はソファより高いところにはのぼらない。

「猫ってもっと動くはずだけど、ぽんたは寝てばっかりで、大丈夫なのかな、内臓が悪いんじゃないかな」と心配性のツレアイは言った。

病院で検査をしたばかりだし、それはないだろう。ただ、外で暮らしていたときは生命の危険と隣合わせだったとはいえ、刺激のある日々を送っていたに違いない。それに比べれば、変化のない室内の生活は退屈で、ひょっとしたら、人間でいう「うつ気味」なのかもしれない。

そう考えた私は、ぽんたが少しでも楽しく暮らせる環境を整えるため、猫グッズを揃えることにした。

まずは、おもちゃ、じゃらし棒だ。ペット用品店へ行き、カラフルなタオル地の魚の先に、リボンがついた釣り竿式のものを一本購入した。

じゃらし棒はただやみくもに振ればよいわけではないらしい。それを、飼育書を読んではじめて知った。「猫の狩猟本能と狩の衝動を引き出すため」に、小鳥やネズミなど「獲物」の動きに似せた動きを作り出すことが重要のようだ。

購入した夜、リビングにぽんたが出てきたので石油ストーブを消した。寒々とした中、ソファの上で香箱を組んでいるぽんたの目の前で軽くじゃらし棒を振ってみたが、ちらっと一瞥するだけだ。

そこで、飼育書に書いてあるやり方に従い、縦に横にと動きに少し変化をつけてみた。すると、右前足でちょんちょんと突いたり、少し反応するようになった。

それから毎日、時間を決めてぽんたの前でじゃらし棒を振った。空中に振り上げたり、床を這わせたり、緩急もつけて動きに工夫をした。「飼い主が集中して取り組むことが重要。遊びは猫とのコミュニケーションの時間」とあったので、こちらも真剣だ。

こうして毎日続けているうち、次第にぽんたはじゃらし棒に飛びかかるようになってきた。一週間後には、じゃらし棒を振ると夢中で部屋の中を走り回るようになり、やがて、私がじゃらし棒に手をかけると、腰を落として臨戦態勢に入るようになった。

また、猫は高いところから部屋の中を見下ろしたり、窓外をながめるのが好きだという。そこでキャットタワーを買うことを考えたが、ツレアイに「部屋が狭くなる」と反対された。もっと簡易的なものはないかとインターネット上で探したところ、「猫専用の見晴台」なるものを見つけ、購入した。

これは、はしごを立てかけたような形状の、高さ一メートルほどの木製の台で、猫がのるための天板を窓や壁につけて使用する。中間には登りやすいようにステップ台もある。見晴台が届き、早々に組み立てると、隣家の庭や通りが見えるリビングの窓辺に置いた。しかし、ぽんたは、台の前を行ったり来たりするだけで、のろうとしない。私が抱えてのせても、すぐに鳴いて降りたがる。

そのような日々が続き、気に入らないのかなと、あきらめかけたある日。台をじーっと見上げていたぽんたが、天板の上に一気に飛びのる姿を目撃した。廊下にいて、何気なくリビングに目をやったときのことだった。

私は、見晴台の上のぽんたを携帯で撮影し、「ぽんた、のぼった！」とメッセージをつけて外出中のツレアイに送った。

その日から、見晴台はぽんたのお気に入りの場所となった。朝起きると必ず飛びのり、午前中はずっと、ときには夕方にも、外を眺めるのが日課となった。

だんだんと、家猫らしくなっていく姿が、私にはうれしかった。

## 15 刺身に大満足、たまにはごほうびも

年が明け、ぽんたが家に来て二ヵ月が過ぎ、節分の頃になると体重は五キロを切った。自動給餌器を活用しながら、フードを小分けにして一日七回与えるというダイエットは順調だった。猫は薄明薄暮性で、明け方と夕方に活動が活発になる動物だという。ぽんたも夕方以降に食欲が旺盛になるようだった。それがわかってからは、夜間は昼間より多めに与えるようにした。その効果もあってか夜鳴きは皆無となり、毎晩掛け布団の上にのって丸くなるぽんたをなでながら、私は落ち着いて眠れるようになった。

ぽんたが鳴いて食事をねだるのは朝だけで、あとは与えられたときに淡々と食べた。時間になり廊下に置いてある容器にフードを入れると、気配を感じるのかぽんたが現れ、前足を揃えて器の前に座り、おもむろに口をつける。器が空になっても、「おかわり」を要求するそぶりは見せなくなった。食後にはたんねんに顔を洗っているので、そこそこ満足はしているらしい。

ダイエットの初期に、夜、お風呂から上がると、ぽんたが生ゴミを入れた箱の蓋を開けようとしていたり、シンクやコンロの上にのびあがり、蓋をしているにもかかわらず鍋の中をのぞき込もうとしているのを目にし、ぎょっとしたことが何度かあった。そんな光景がはるか昔のようだ。

ぽんたの様子を見て、ツレアイは「頑張ってダイエットをしてえらいから、たまにはお刺身をあげよう」と言う。

私は、猫の健康を害する一因になると聞いていたので、人間の食事は与えないことに決めていた。以前、私たちが夕食に焼き魚を食べていた際、ぽんたが食卓にのぼろうとしたことがあった。机をたたき「ここはダメ」と睨んだらすぐに降りて、それっきりのぼらなくなった。

そういう聞き分けのよいところがいじらしい、とツレアイは言う。

本や雑誌で調べたところ、刺身用の白身魚やゆでた鶏ささみなどなら、多少は与えても問題がないようだ。そこでタイの刺身を買ってきて、親指の先ほどの量を刻んで器に入れた。

ぽんたは猛烈な勢いで平らげ「もっとないの」という顔で私を見上げた。さらに与えると、洗ったようにきれいになるまで器をなめ続けた。器を下げると、少し離れたところで口を大きく開け、口のまわりを豪快に舌でなめ回している。

その満足そうな姿を見て、たまには「ごほうび」を与えることも必要だと感じた。

ぽんたは、昼間もときどきリビングに出てくるようになった。私たちがリビングで話をしていると、様子が気になるらしい。

夕食後にソファでくつろいでいるときも、ふと気配を感じてドアに目を向けると、はめ込まれたガラスの向こうからぽんたがじっとこちらを見ている。ドアを開けると両前足をぐーんと前にのばしながらリビングに入ってくる。その場で「なでて」のポーズをとり、気持ちよさそうに転がる。

しかし、やはり石油ストーブは苦手らしく、「また、こいつがいるのか」というような顔でストーブを凝視する。そして十分も経たないうちにドアノブを見上げて「開けて」のポーズをとる。ドアが開くと一目散に私の部屋へと戻っていくのだった。

SNS上では、石油ストーブの前にだらんと横になり暖をとる飼い猫の姿をよく目にする。猫は、暖房が好きなのだとばかり思っていたが、外での生活経験があるぽんたの場合は、人工的な音や臭いに違和感を感じるのかもしれない。

それにしても、リビングよりも冷え冷えとした私の部屋を好むのはどういうわけか。野良猫だったから、寒さには強いのだろうか？

当面、「暖かいリビングで猫とまったり過ごす」という夢はあきらめることにした。それでもぽんたが冷えないようにと、私の部屋は無人の場合でも、常にオイルヒーターのスイッチを入れておくようにした。

部屋のドアは、ぽんたが自由に出入りできるように、いつも半開きにしてある。普段、私が冷暖房をつけっぱなしでドアを開けていると「電気の無駄使い」と文句を言うツレアイだったが、このことに関しては何も言わないのだった。

## 16 脱走の気配なし。心配は不要だった

二月の下旬に入ると、ぽんたの体重は四・八キロになった。ダイエット開始時より

○・七キロ減で、目標体重まであと○・三キロだ。
家の中を歩くぽんたを上からながめる。当初は下ぶくれのナスのようにぼってりとした体だったが、今はウエストのくびれらしきものも見えてきた。心なしか顔も小さくなったようだ。毛艶もよく、家猫然とした風貌になってきたことがうれしい。

家の中での行動範囲も広がり、ツレアイの部屋にも出没するようになった。

ある朝、ツレアイが換気のために窓を開けていると「ほなー」と鳴きながら現れ、床から一メートルほどの窓の桟に一気に飛びのったときには驚いた。我が家はマンションの二階、六メートル真下はコンクリートの道路で、途中には足場となるものは何もない。網戸がしてあるとはいえ、あやまって落下したら……と肝を冷やした。

しかし当の猫はレールの溝に器用に足をはめ込み、平然と空飛ぶカラスの行方を追っている。

気がすむと、壁を数歩伝い降りてから、一気にフローリングの床に飛び降りた。今度は硬い床との衝撃で足を傷めはしないかとひやひやだ。

翌日から、窓の下に足場として椅子を用意した。しかし、どうしても窓に直接乗り降りしたいらしく、使ってはくれない。床に緩衝材としてクッションなどを置いても、わざわざ避けて飛び降りる。私たちは過保護な親のごとく、ぽんたがツレアイの部屋の窓にのぼっているときは、どちらかが付き添った。

ぽんたに関する心配といえばそのぐらいで、保護する前に気に病んでいたことは、ほぼ取り越し苦労だった。

「猫は壁やソファで爪を研ぎたがる」と聞いていたが、家に来た日に与えた段ボールの爪研ぎ以外の場所ですることはなかった。テーブルやチェストにのって、ものを落としたりすることもなく、ソファに洗濯物が置いてあればよけて通る。本棚や冷蔵庫の上など、こちらがのぼってほしくないところにはのぼらない。

また「猫は網戸やサッシを自力で開けて外に出る」という話だったので、窓の開閉には細心の注意を払い、閉めているときは鍵を、網戸にしておくときは網戸ストッパーを設置していた。しかし、ぽんたは、閉まっている窓や網戸に足をかけたり、「出たい」と意思表示をすることもなかった。

ただ、私が洗濯物を干すためにベランダに出ると、ついて来ることはあった。そのたびに「だめだめ」と室内に戻しピシャリとサッシを閉める。ガラスの向こうに、どことなく不満そうな表情のぽんたがいる。

「たまには外の空気も吸わせてやろう」とツレアイがベランダに出したことがあった。

ぽんたはエアコンの室外機を伝ってベランダの壁の上にのぼり、興味深々といった様子で下をのぞき込んだ。私はあわてて壁から引きはがし、抱えて家の中に入れた。

それでもツレアイはハラハラする私を尻目に、その後何度かぽんたをベランダに出した。そのつど、私は壁から引きはがす行為を繰り返すはめになった。

そうするうち、「ここにのぼったら連れ戻される」ということをぽんたは学んだようで、ベランダに出しても室外機にのることはなくなった。私たちの監視のもと、日だまりで香箱を組んだり毛づくろいをするようになった。

また、「玄関からの脱走」を防ぐため、二人が揃って外出する際には特に、玄関のドアの開閉は最小限にし、素早い出入りを心がけていた。しかしぽんたは、リビングのソファの上などから「あ、でかけるの」というような表情でじーっとこちらを見ているだけだ。

帰宅時にそーっと玄関を開けると、気配を察していたのか、たたきまで下りて待ち伏せている。足に体をこすりつけ、リビングへと誘い「なでろ」とばかりに床に転がる。

「隙をついて脱走」という考えは、ぽんたの頭の中にはなさそうだった。

「こんなにいい猫は、これまで見たことがない」

と、子どもの頃、猫と暮らした経験のあるツレアイは言う。親バカならぬ飼い主バカだ。

こうして飼い主も猫も、お互いが生活に慣れてきた頃、ぽんたの体調に変化が起きた。

## *17* 元気がないぽんた、小さく鳴くだけ

ぽんたが、食事を残すようになった。家に来て三カ月が経ち、春の気配が感じられるようになった頃だった。

ついにきたか、と私は思った。「猫は昨日まで食べていたフードに興味を示さなくなったり、偏食したりと、気まぐれで好みにうるさい動物」と聞いていたからだ。

ぽんたは、野良猫時代に食に困った経験があるせいか、これまでフードの選り好みはしなかった。少し前に風邪をひいたとき、はじめてウェットフードを与えた。動物病院で処方された抗生剤を砕いて混ぜたかったからなのだが、薬入りにもかかわらず、ぽんたは満足そうに平らげた。

とはいえ、たまにもらえる「ごほうび」の少量の刺身以外、三カ月間ほぼ毎日同じものを食べさせられては食傷気味になるのも無理はない。

そこで、フードの種類はそのまま、猫用のかつおぶしを少量ふりかけて味に変化をつ

けてみた。ぽんたは、少し警戒しながら鼻を近づけたが、すぐに前のめりになって口を動かし、きれいに食べた。この方法で一日の規定量を完食する日が続き、ほっとしたのもつかのま、再びフードが器に残るようになった。今度は、以前与えたウェットフードをトッピングする方法を試みた。それでも食べ方は改善されない。

朝起きると、蓋が開いた自動給餌器の中にドライフードが手つかずで残るようになった。これはまずい、と思った。ダイエットどころか、必要な栄養が摂取できなくなってしまう。

これまでぽんたには、ダイエット用に低カロリーのフードを与えていた。体重が目標値に近づいた今、もうこだわる必要はないだろう。そこで思い切って、味と香りを優先して選んだ、少々値の張るプレミアムドライフードに切り替えた。

これも数日間はよく食べたが、長くは続かなかった。

ぽんたの食べ方にはムラがあり、ほぼ残さず食べる日もあれば、半分も口をつけない日もある。私は、あるときはウェットフードかかつおぶしのトッピング、またあるときは、低カロリーフードに戻してみるなど、あれこれ組み合わせをローテーションしながら、なんとかぽんたに食べてもらおうと試行錯誤した。

ぽんたを動物病院に連れて行くべきかどうかも迷った。飼育書や、ネット上での獣医師の解説などを読むと、猫の食欲不振は珍しいことではないらしい。ぐったりした様子や発熱などの症状がなく、水をしっかり飲み、排泄をしているのであれば、家で様子をみる段階のようだ。「二十四時間、飲まず食わずの状態が続き元気がない場合は即病院へ」ということだが、ぽんたは、量は一定ではないにせよ飲み食いはしている。

実際、ぽんたは元気だった。毎日各部屋をパトロールし、日向で毛づくろいをし、あくびをし、窓の外を眺めて野良猫が通れば「うー」とうなる。居眠りをし、じゃらし棒で遊ぶときは廊下を疾走し、リビングを転げ回る。トイレでも、毎日力んでいる。

ツレアイと私は「猫だって季節の変わり目で気分がすぐれないことはあるだろう。気候が安定すれば、また食べるようになるかもしれない」と話した。

珍しくぽんたが二日続けてフードを完食し、安心した翌日のことだった。

朝少し食事を口にしたぽんたは、その後私の部屋から出てこなくなった。ベッドの上で丸くなったまま、ほとんど動かない。話しかけても、なでても、小さく「なー」と返事をするだけ。フードを手にのせて口元に持っていっても、数粒しか口にしない。夜になると起き出して水を飲んだが、あとはずっと寝ている。毛づくろいもしない。

翌朝、一番で、私はぽんたを病院に運んだ。

先生は検温し、聴診器をあて、触診をし、ぽんたの背中の皮をひっぱった。

「脱水してますね。オシッコの量はどうですか？　最近、多くはなかったですか？」と聞く。言われてみれば、尿を吸って固まった猫砂を、猫トイレから拾い出す回数が増えたような気はしていた。

「腎臓病の可能性がありますね。血液検査をしましょう」と先生。

結果は、先生が予想した通りだった。

*18*

## 病気が判明して、長くても余命二年と告げられた

ぽんたの病名は、慢性腎臓病だった。

慢性腎臓病はシニア猫に多い病気で、完治はしない。ただし進行を遅らせることはできる。もっとも効果的なのは食餌療法で、腎機能に負担をかけない療法食を与えることで、生存期間はのばせる、と先生は私に説明した。

「実は……三ヵ月前に血液検査をしたときから、ぽんたちゃんは少し腎臓の数値は高めだったんです。ただ初診では体質までは把握できず、発病につながるかの判断はできなかったので……」

申し訳なさそうに先生は言い、私に血液検査の結果を並べて提示した。腎臓病の進行は、血液中の尿素窒素（BUN）とクレアチニンの項目で判断する。三カ月前の数値は、ともに正常値の範囲内ではあったが、よく見ると上限ぎりぎりだ。今は、それをはるかに超え、倍以上の値になっていた。

このとき私は、猫についてはおろか、人間の病気としても腎臓病についてきちんと理解していなかった。先生からたった今説明を受けたにもかかわらず、「完治しない病気」の意味がピンときていなかった。ぽんたが病気である、という事実でいっぱいになった頭では、それ以上のことを受け入れる余裕はなかった。

脱水症状を改善するための点滴と、ビタミン注射をしてもらった。点滴は、皮膚と筋肉の間の皮下に注射針を刺して行う皮下点滴だった。療法食の試供品を幾つかもらって、ぽんたを連れて帰宅した。

「ぽんた、腎臓病だって」

ツレアイに告げると、「えーっ、そんな……」と言い、作業の手が止まった。

「どうやって治療するの？　猫に人工透析は無理でしょう。余命は聞いた？」

ツレアイのあまりにも深刻そうな様子を見て、私は、大急ぎで、動物病院でもらった猫の腎臓病について書かれたイラスト入りの小冊子を開いた。

腎臓はネフロンという組織の集合体で、これが壊れると再生しない。一部のネフロンが壊れると、残されたネフロンがその分も働こうと無理をし、負担がかかり、さらに壊れるネフロンが増える。こうして、徐々に腎臓の働きが低下すると、猫は血液中の老廃物を体外に排出できなくなる。体の中に毒素が溜まり、多飲多尿、脱水や食欲低下、貧血などさまざまな症状が出る。そして残った腎機能がすべて失われると、死に至る。

慢性腎臓病は高齢猫の死因のトップであり、血液検査の結果で異常が出たときは、すでに腎機能の七十パーセントが失われている。

私は、ことの重大さをやっと理解した。

翌朝、再びぽんたを病院へ連れて行った。

数日間は通院し、皮下点滴による治療を行うことになっていた。点滴を何日か続けることで脱水が改善され、溜まった老廃物が尿と一緒に排出されれば体が楽になり、食欲も元気も出てくる、ということだった。

しかし、ぽんたは、試供品の療法食を少し口にし、水を飲むだけで、ほとんどの時間は私の部屋にこもっている。

三日目は、ツレアイも病院に同行した。ぽんたの体重は四・一キロだった。目標体重の四・五キロを通りこし、軽くなってしまった。食事をとらないと、こんなにもあっという間に体重が落ちてしまうのかと、ショックを受けた。

「余命は、どのぐらいでしょうか？」

怖くて聞けない、と言っていた私の代わりにツレアイが質問した。

「ぽんたちゃんがどの程度治療に応えてくれるかによるので、断定はできませんが……この数値だと一年か……長くて二年でしょうか」

喉の奥がつまり、こみあげてくるものがあったが、私はなんとかそれを押し込めた。

帰宅し、夕食の席では二人とも言葉が少なく、「まるでお通夜のよう」という表現はこういうときに使うのかと、ぼんやり考えた。

だがこちらの不安をよそに、当のぽんたは、少し元気を取り戻したようだった。病院から戻ってしばらくすると、家の中を歩き回り、毛づくろいをした。そして食事をしている私たちの横にやってくると、両前足をついて食卓の上にのびあがり、片方の足で私の皿をつんつんとつついた。

私は立ち上がり、ぽんたの食器に療法食を入れて床に置いた。ぽんたは、口を大きく動かしながらカリカリと音をたて、平らげた。

こんなに旺盛な食欲を見せるのは久しぶりだった。私はこぼれてくる涙をぬぐいながら、きっと、ぽんたは大丈夫、と自分に言い聞かせた。

## 19 飼い主孝行ぽんた、隠れているつもりがほほえましい

慢性腎臓病と診断されたぽんたは、点滴治療をするうちに食欲が回復し、体重も四・五キロまで戻った。

毎日だった通院も、二日おき、四日おきとなり、体調が安定してからは「一週間あけてみましょう」となり、再度血液検査をしたときには、正常値には届かないとはいえ、数値は改善されていた。

「今後は様子を見ながら、二週間に一度を目安に点滴をしていきましょう。その間に食事をとらなくなったり体重が減った場合には、連れて来てください」

と先生は言った。

猫飼い初心者にとってありがたかったのは、ぽんたが病院を嫌がらなかったことだ。

動物病院に連れて行く際に抵抗する猫は多いという。その気配を察するとベッドやソファの下にもぐり込んで出てこないとか、キャリーバッグに入れようとすると暴れてひと苦労する、という話はよく聞く。

しかしぽんたの場合は、寝そべっているところへそっと近づいて後ろから抱え上げ、上蓋を開けたキャリーバッグの底にぽとんと落とし、蓋をするだけでよかった。足をバタつかせて抵抗らしきものはするのだが、こちらの手を嚙んだり引っ掻いたりはしない。カチッというキャリーバッグの蓋を開ける音を感知するとソファから飛び降り、リビングのローテーブルの下やクローゼットの奥に隠れることもあった。しかし、ローテーブルは後ろが抜けており、クローゼットは間口が広く奥行きが狭いため、捕まえるのは簡単だ。それなのに「隠れているつもり」になっているところがほほえましい。

病院への道すがらは鳴いているが、待合室に入ると静かになる。キャリーバッグの中で香箱を組み、目の前で飛び跳ねる犬を目で追ったりしている。診察台の上でも興奮したり威嚇することなく、点滴や注射を受け入れてくれるのは、飼い主孝行な猫にほかならなかった。

食事に関しても、病院ですすめられた腎臓病の療法食を問題なく食べていた。だが治療をはじめてから一カ月後に、まったく食事をとらない日が再びおとずれた。嘔吐もしたので慌てて病院に運ぶと「膵炎かもしれない」という診断だった。

血液検査は外部の機関に出すとのことで、結果が出るまでの処置として抗生剤が処方された。

薬は一度、風邪をひいたときに与えたことがあった。そのときは、処方された錠剤を細かく砕いてウェットフードに混ぜた。今回は、食事をとらないのでこの技は使えない。私が直接、口の中に投与するしかなさそうだ。

病院でデモンストレーションしてもらい、コツを教わった。確かにこの方法のほうが、フードに混ぜるよりも時間はかからないし合理的ではある。しかし私はまだ、ぽんたの口周りに触ったことがないし、正直、噛みつかれそうなのが怖い。

帰宅した私はツレアイに事情を説明し、投薬のためにぽんたの体を押さえてくれるよう頼んだ。すると、

「とりあえず一人でやってみなよ。薬を与える時間に常に僕がいるとは限らない。まずはトライしてみて、失敗したら手伝う」

と、逃げ口上を言う。

仕方ないので、飼育書の写真で投薬の手順を確認し、病院で教わったことを反芻して一人で挑んだ。

ぽんたをソファの背と私のからだで挟んで固定し、左手で頭をつかんで上を向かせ、右手の中指で下あごを引いて口を開ける。右手人差し指と親指でつまんでいた錠剤を素早く舌の奥に落とし、口を閉じる。喉をさすると、ほどなく「ゴクッ」という音と喉が

動いた感触で、飲み込んだことがわかった。

私は大喜びで、「えらいね！」とぽんたをなでた。

結果的に膵炎ではなく、食欲も体調もすぐに戻った。心配したものの、検査をしたおかげで、私がぽんたに対してできることがひとつ増えた。

「余命は長くて二年」と告げられた直後、気が動転した私は、猫の看取りについて書かれた本を購入し、「来るべきとき」についての心構えを知ろうとしていた。しかし、その前にやるべきことはまだまだある。

ぽんたを入れたキャリーバッグを自転車の荷台にくくりつけ、病院へとペダルをこぐ。

街路樹のハナミズキは、新緑に変わろうとしていた。

## *20* 今日も元気に器の前へ、完食がうれしい

飼っている猫が慢性腎臓病になり、食餌療法をしていることを友人や知人に話すと
「どうやってやるの？　動物にそんなことできるの？」と不思議がられる。
そこで私は、病気の治療を目的に成分を調整した猫用の療法食が市販されていると話

す。腎臓病の場合は、腎臓に負担がかからないよう、たんぱく質やナトリウム、リンの含有量が低く設定されていること、食欲が落ちても栄養がとれるように高カロリーであることなどを説明する。

こういう質問は、動物を飼った経験がないか、飼育経験はあっても病気とは縁のない犬や猫と暮らしていた人々から受ける。

前者だった私も、かつては動物用の療法食が存在するなど、考えてみたこともなかった。それ以前に、キャットフードがこれほど多種多様とは知らず、はじめてペット用品店を訪れたときには驚いた。

子猫用、成猫用、シニア猫用など年齢別のほか、肥満防止やダイエット用、食の細い猫用、毛づくろいの際に飲み込んでしまう毛を排出しやすくする毛玉ケア、尿路疾患対策に有効なものなど、体型や体質別、病気予防までと幅広い。さらには人間用と同グレードの肉や魚を原料とした自然食系、穀物を使わず、動物性たんぱく質の割合を高めたグレインフリーフードなど、材料にこだわったものまである。

療法食に関しては、ペットフードメーカーは猫の好みをリサーチし、「おいしい療法食作り」に力を入れているのだそうだ。特に腎臓病用の低たんぱくで塩分控えめのフードは、猫にとってあまり魅力的な味わいではない。食が細くなりがちな腎臓病の猫が飽きないよう、さまざまな工夫をこらしているという。

腎臓病になるまでは、特に食の選り好みはなかったぽんた。最初に動物病院ですすめられた療法食を夢中で食べていたので安心していたものの、一ヵ月もすると食べる勢いが衰えた。空腹ではあるようで、適当な時間になると台所へトコトコとやってきて、食器の前に前足を揃えて座る。

フードを器に入れると、ふんふんと匂いを嗅いで口をつけるが、少し食べると「もういいや」という態度で立ち去ってしまう。ときには「もっとほかのはないの」というような目線を送ってきたり、台所をうろうろして「ほかの」を探すそぶりを見せる。

食べないと体重が減り、体力や免疫力が落ちて病気が悪化する。その心配以上に、食べたい気持ちがあるのに、好きなものを食べられないぽんたが不憫だった。ダイエットのごほうびに刺身を与えることも、病気になってしまった今ではできない。

「こんなことなら、好きなものをいろいろ食べさせてやればよかったね。前は食べすぎると言われて低カロリー食、今度はもっと食べろと高カロリー食。ぽんたも大変だ」

とツレアイは言う。猫には自分が太り気味であるとか、腎臓が悪いという意識はないだろう。確かにぽんたの立場からしたら、飼い主の都合でころころ食事を変えられているわけで、いい迷惑かもしれない。

かといって、病気を進行させるような食事を与えるわけにはいかない。

私は、同じく腎臓病を患っている叔母の猫がよく食べるというメーカーのフードを取り寄せたり、病院から試供品を何種類かもらうなどし、ぽんたの好みに合う療法食探しに努めた。ウェットタイプの療法食も試した。インターネットで紹介されていた、療法食を食べてもらうための工夫についても実行。食器選びも重要だとあったので、それまで使っていた安価なプラスチック製は処分し、猫が食べやすい高さの台座つきの陶器に買い換えもした。

試行錯誤の結果、国産メーカーの二種類を混ぜたものがぽんたの口に合うことがわかった。この「配合」を見つけてからは、食べ方が安定した。

ぽんたが今日も元気に食器の前にやってくる。「あーら、ぽんちゃん、おなかがすいたの、えらいねー」と声をかけ、フードを器に入れる。ぽんたが口を動かしはじめ、チャリンチャリンとフードが器にあたる音を聞くと安心する。空になった器を見るとうれしい。

人間が食事をしているあいだは、食卓や膝の上にのぼることは禁止されていたぽんただったが、「食べ物に興味があって元気なのはよいこと」という理由から、許されるようになった。

## 21 久しぶりの血液検査、ぬぐえないモヤモヤ感

ぽんたが慢性腎臓病と診断され、治療を開始してから四ヵ月がたった。二週間に一〜二回程度の通院による点滴治療の経過は良好で、その後食欲が落ちることもなく、体重も安定していた。

ぽんたは、ツレアイのベッドや本棚の上で昼寝をしたり、洗面所のタオル用の棚にもぐり込んで香箱座りをしたりと、お気に入りの場所をどんどん開拓していた。家に来てまだ七カ月だが、もう何年も前から家猫であるかのような顔をし、外を通る野良猫を威嚇したりしていた。

梅雨が明ける頃、久しぶりに血液検査をした。数値が下がっていることを期待したが、腎臓病の進行を判断する血液中の尿素窒素とクレアチニンの数値は、ともに少し上昇していた。

元気で食欲もあるのになぜ、という疑問が湧いたが、先生はこの結果を特に問題視する様子はなかった。ただ、これまで与えていたリン吸着剤を、さらに効果が高いものに

変えることになった。

リンは骨や歯をつくる重要なミネラルだが、腎機能が低下すると、余分なリンが尿と一緒に排出できずに体内に溜まり、病気が悪化する。そのため、リン吸着剤をフードに混ぜて、リンを体外に出やすくする必要があった。

新しく購入した吸着剤一瓶を手に帰宅。リンだけでなく、ほかの老廃物も吸着するものらしい。しかしツレアイも私も、なんとなく腑に落ちない気持ちだった。家でゆっくり血液検査結果票を見ると、リンの数値は前回よりかなり下がっているからだ。

「腎臓に悪いものを取り込まなければ、数値は下がるだろうけど」とツレアイ。腎臓病は、対症療法が中心であることはわかっているが、何かもう少し直接腎臓に働きかける治療はないのだろうか、というのが彼の考えだった。

人の医療ではこういう場合、「セカンドオピニオンを受けに行く」という方法がある。インターネットで調べると、動物の場合でも、最近は増えているという。

家の近くには、動物病院はいくつかある。しかし、どこに相談に行けばよいのか、ピンとこないまま、数日が過ぎた日のことだった。

その日、私は外で一日仕事をし、疲れて帰宅した。自宅マンションのドアを開けると、たたきには男物のスニーカーと女物のサンダルが二足並んでいた。奥からは、英語と日本語が混じった笑い声が聞こえてくる。

リビングに入ると、西洋人と日本人の若いカップルが恐縮した様子で立ち上がり、「お留守にすみません」と頭を下げた。聞けば、最近、近所で偶然知り合った夫婦だという。今日の夕方、たまたま近くのスーパーマーケットで再会し、「よかったら、うちに寄って一杯飲みませんか」と誘ったのだと、ツレアイは説明した。

ご主人はスコットランド人で職業は外資系ホテルの料理人。ローテーブルの上には、今晩のおかず用に私が作り置きした、いかにも家庭料理といった無骨な惣菜が勝手に並べてある。ツレアイの無神経さに憮然としつつも、「こちらこそ、強引にお誘いしちゃったみたいで」と笑顔をつくり、席に加わった。

すると、

「A子さん、いい病院を知ってるんだって」とツレアイが言う。

今、我が家で病院といえば、人間用ではなく動物用をさす。A子さん夫妻は猫を四匹飼っており、動物病院には世話になることが多いのだそうだ。

ただ、場所は隣町で、今通っている病院と比べ、少し遠い。

「ぽんたちゃん、かわいいですね」とA子さん。

「ぽんたは、もうだいぶ遊んでもらったんだよね」とツレアイ。

しばらくすると、私の部屋で寝ていたらしいぽんたが起き出して、リビングにやって来た。

「なー」と鳴いて、ソファに飛びのり、夫妻の間に割って入るとゴロゴロと喉を鳴らす。次は床に飛び降りて、ローテーブルの周りを歩き回り、のび上がって皿の中をのぞいたり、床に転がったり、ご主人の膝に顔をこすりつけたり。私よりも場に馴染み、初対面の来客と打ち解けている。

夫妻が猫好きというのも大きいのだろう。すっかり懐《なつ》いた様子のぽんたを見ながら、近いうちにその病院に行ってみようと思った。

## 22 自転車の荷台にのせられて隣町の病院へ

A子さん夫妻が家に来た二日後、私はぽんたを入れたキャリーバッグを自転車の荷台にくくりつけ、教えてもらった動物病院へ向かった。

病院は隣町にあり、自転車では十五分近くかかる。交通量の多い車道を走り、踏切や混雑する駅前を抜け、商店街を通る。現在通っている病院までは、住宅街を抜けて三分。

これに比べると、遠い。

荷台のぽんたは道中、「ほなー、ほなー」と鳴いた。いつもの五倍の時間この「ほなー」を聞き続けるのかと思うと胸が痛んだ。信号や踏切などでときどき停まり、自転車から降りてキャリーバッグをのぞく。こちらの心配をよそに、ぽんたはのび上がって行き交う車や人を興味深そうに目で追っている。

商店街の一角にある病院の、明るく広々とした待合室には、平日の午前中にもかかわらず待っている人が何人もいた。若く元気な看護師さんが、馴染みらしい飼い主とくだけた雰囲気で話をしている。

A子さんの紹介でセカンドオピニオンを受けにきた旨を伝え、問診票に記入をし、呼ばれるまで待つ。ぽんたは、キャリーバッグの中で香箱を組んで目を細めている。知らない病院だからといって特に動じる様子はない。

診察室に呼ばれて入ると、三十代と思われる男性の院長先生が「はじめまして」とにこやかに迎えてくれた。A子さんの情報によると、都内の大きな病院の勤務医を経て一年前に独立開業、若いが多くの症例を診た経験があり、最新医療の知識や技術を持ち、海外研修にも積極的、とのことだった。

私は、過去四回のぽんたの血液検査結果票のコピーを提示した。そして「腎臓の数値が上がっているのに、リン吸着剤を与えてときどき皮下点滴という、これまでと変わらない治療を続けるだけでよいのか」という疑問を口にした。

先生は、少し間を置き、

「現在の腎臓がどのような状態かを、血液検査以外の検査からも見る必要があるかもしれませんね」と言った。

「ぽんたちゃんの場合、数値が上がった原因は腎臓病悪化のためだとは思いますが、腎結石や腎のう胞など、他の病気の場合もありえますから」と続けた。

尿検査で尿の濃さを調べたり、超音波（エコー）検査で腎臓の形や大きさに異常がないか、腫瘍や結石などがないかを診る。これらの検査結果を組み合わせて総合的に診断し、治療方法を決めることが望ましい、とのことだった。先生は本を広げ、腎臓病の猫の腎臓と、健康な猫のそれとを比べて見せながら説明してくれた。

また腎臓病が進むと、腎臓に血液を大量に送り込んで老廃物を濾過しようとするため、高血圧になるという。

「高血圧が続くと腎臓に負担がかかり機能が低下します。それを抑えるために、血圧を下げる薬を処方することもありますね。できる限り腎臓へのダメージを減らすことで、猫ちゃんは長く生きられるようになります」

ぽんたは腎臓病になってからは尿検査をしていないし、ましてや超音波検査を受けたことはない。

当のぽんたは、診察台から降り、勝手に探検をしている。通りに面した診察室の壁の下方には丸い小窓が三つあり、通行人の足元や通り過ぎる自転車の車輪が見える。くるくる変わる光景は定点観測動画のようで面白い。ぽんたはしばらく「動画」をながめると、私を振り返り「なあー」と機嫌よく鳴いた。

この病院でぽんたを診てもらいたい、と思った。

「お願いします」という言葉が喉まで出かかった。しかし「そのような方向で、かかりつけの先生と相談されてみてはいかがでしょうか」と先生が言ったので、とりあえずお礼だけ述べ、ぽんたを連れて病院を出た。

今、通院中の病院には、野良猫だったぽんたを診てもらったという恩がある。治療に疑問があるからといって質問もせず、何も相談しないまま、他の病院に移ることはためらわれた。

帰宅してツレアイにことの経緯を話したところ、あっさりとした反応が返ってきた。

「なんで検査をしなかったの。わざわざ連れて行ったんだから、検査だけしてもらえばよかったのに」

その日の夕方、私は再びぽんたを自転車の荷台にのせ、隣町の病院へと向かった。

## 23 夜中に突然あーうー、尋常でない鳴き声

セカンドオピニオンを受けたその日、午後の診療時間開始に合わせて再び隣町の動物病院に行くと、すぐに診察室に入ることができた。

「一日に二度も来ていただいて、すみません」と恐縮している院長先生に、「いえいえ、こちらこそ、家で相談をして、やはり検査をしていただきたいと思いまして……」と私は言い、キャリーバッグからぽんたを引きずり出して、診察台にのせた。

先生はぽんたの腹部を触り、

「膀胱に尿がたまっているので、カテーテルを入れてオシッコを採り、尿検査をしましょう」

と言った。

尿道に管を入れて採尿するなど、考えただけでお腹の下がむずがゆくなってくる。ぽんたが嫌がって暴れるのではないかと心配したが、先生と看護師さんの手にゆだねられ

たぽんたは、おとなしくされるがままになっている。

続いて、超音波検査だ。診察台には、合皮素材の黒く細長いクッションを二つ横につなげたようなものが用意され、ぽんたは仰向けの状態で中央の窪みに寝かされた。看護師さんに前足と後ろ足をがっちりと摑まれ、目をまん丸に見開いている。

「震えている、かわいそう。怖いよね、でも痛いことはないからね」

と声をかける看護師さん。鳴きもわめきもしないぽんただが、目的も知らされず、次々と不愉快な行為を受ける身にとって、その恐怖はどれほどのものだろうか。

超音波検査は、臓器の内部構造を見るために行う。正常な腎臓は、ソラマメに似た楕円形で、中は黒くはっきりとした空洞になっている。今、モニターに映っているぽんたの腎臓はゆがんでおり、空洞の様子もぼんやりしている。

「腎臓が悪いことは間違いないですね。でも石や腫瘍は見当たらない。血液検査の数値が上がったのは、ほかの病気ではなく、慢性腎臓病が進んだからでしょう」

超音波をあて、自分の内臓を見た経験は私には一度しかない。動物に対しても人間と同じような高度な検査をすることに驚き、感心した。それを口にすると、

「動物は、自分から『ここが痛い』と僕たちに伝えてはくれないから、できるだけ負担にならない範囲で検査をして、体の状態をみてあげることが必要なんですよ」

と先生は言った。そして

「はい、よく頑張りました、えらかったね、ぽんちゃん」

とぽんたの頭をなでた。

尿検査の結果が出るまでには数日かかるという。今後の治療方法はそれから決めることになり、病院を後にした。

「とりあえず、検査だけでも」という気持ちで隣町の病院に戻ってしまったが、この流れだと、今後はここで治療を受けることになりそうだ。

それで問題ないとは思うが、それでも、今まで通っていた病院が気になる。自転車で片道三分というのも捨て難い。この距離に比べると自転車で十五分の隣町の病院は遠い。今回は一日に二往復したから特別だとはいえ、頻繁に通院することを考えると近いに越したことはない。

それに、ぽんたは、保護した日と、その後にも一回、「片道三分」の病院のペットホテルに預けたことがあった。二回目は特にフードをよく食べ、排泄にも問題なく、看護師さんや先生にも愛想を振りまいていたと聞いた。

今後また、出張などで家を留守にすることもあるだろう。慣れた病院に宿泊させたほうがストレスが少ないのでは、という気もしていた。

それから数日が経ち、夏の終わりのある晩のことだった。ツレアイは出張で留守、私は一人、自室で仕事をしていた。ぽんたは、照明を落とした部屋の私のベッドの上で、丸くなっていた。

夜中に突然、ぽんたが立ち上がり、「あーうー」と高い声で鳴いた。ベッドの上をしばらくウロウロしてから部屋を出て、今度は廊下で「あーうー」と尋常でない鳴き声を上げた。

トイレに入ったらしい音が聞こえたので様子を見に行くと、用を済ませたぽんたが足についた猫砂を払いながらトイレから出てくるところだった。そのまま部屋に戻るかと思いきや、くるりと向きをかえ、再びトイレに入って排尿のポーズをとった。

恐る恐る、ぽんたが用を足した跡をのぞく。丸い尿の塊の上に赤い染みがついていた。血だった。

# 第3章　病気が見つかったなかにも喜びが

## 24　小さな赤い染みにあの日の判断を後悔

夏の日の真夜中、ぽんたは血の混じったオシッコをした。「猫」「血尿」とインターネットで検索をかけると「膀胱炎」「尿石症」という病名がヒットした。

ぽんたは、猫トイレを出たり入ったりを繰り替えし、そのたびに排尿の姿勢をとる。尿の量は少ない。鳴きながら私のベッドに戻ってきては落ち着かない様子で歩き回り、何度も腰を落とす。立ち上がったシーツの上には、小さな赤い染みが残った。私はティッシュペーパーでそれを拭き取り、トイレとベッドを往復するぽんたの後を追いながら、泣きそうになっていた。

実はぽんたは、三週間ほど前に数回、私のベッドで粗相をした。しかしその原因について、あまり深刻には捉えていなかった。ぽんたが家に来たばかりの頃、何度か私の布団をトイレ代わりにしたことがあったからだ。なにかのきっかけでたまたまそのことを思い出し、用を足してみたら快適で、気まぐれで排尿したのでは、と、そんな解釈をしていた。「猫はトイレが不潔だったり、気に入らないとよそで用を足す」という話は聞いたことがあったが、トイレはいつも清潔にしていた。

私のベッドには、いつぽんたが粗相してもいいように防水シーツがかけてある。育児や介護で使用するものだ。シーツ上に赤い水玉模様のように散るぽんたの尿を見て、あのときの粗相を軽視していたことを悔やんだ。膀胱炎か尿石症かはわからないが、不具合のサインだったのかもしれない。

夜半から降り始めた雨が激しくなり、風も強くなってきていた。台風が接近中で、東京はこのあと暴風域に入る予報だ。今夜中に仕上げる予定だった仕事は手につかず、ティッシュペーパーを手にウロウロしているうちに空が白んできた。

尿意がおさまったのか、ぽんたはベッドの端で丸くなり、そのまま目をつむった。

診療開始と同時に、動物病院に連れて行きたい。窓外に目をやると、木々の枝はちぎれんばかりにしなり、風は唸り、雨足はますます強く、水しぶきで辺りが白く曇っている。

これでは、自転車はもちろんのこと、徒歩でもぽんたを連れて外出するのは難しそうだ。タクシー会社に電話をするが、車はすべて出払っており、何時に迎車をまわせるかはわからないという。

夕方になれば風雨は弱まる予報だが、私は昼から仕事で外出しなければならず、夜まで帰宅できない。病院行きを明日まで持ち越せば、またぽんたに辛い思いをさせてしまうだろう。

私は、出張中のツレアイに電話をかけた。無理をしてでも、これまで通っていた「自転車で三分」の近所の病院に、ぽんたを診せに行ったほうがよいかを尋ねるためだった。すると、

「もし膀胱炎だったら、診察なしで、抗生剤とか薬を処方してもらえるんじゃないかな。近所の病院と隣町の病院、両方に電話で聞いてみれば」

という返事。

そこでまず、近所の病院に電話をした。看護師さんにぽんたの容態とこちらの事情を話し、薬だけ処方してもらえないかを聞いた。

「でも……実際にぽんたちゃんを診察をしてからではないと、お薬をお出しするのは難しいですね……種類はいろいろありますし。午後には雨も落ち着くようですし、それか

ら連れて来られてはいかがでしょうか」

説明はもっともだと思った。でも、いつもぽんたにやさしく接してくれる看護師さんの声が、このときは知らない人のように聞こえた。

続いて、隣町の病院に電話をし、電話口の看護師さんに同じ説明をした。

「わかりました。では、院長に話をしてみて、折り返しお電話をします」

十分後に院長先生から直接電話がかかってきた。

「ちょうど先日の尿検査の結果が出たところで、お電話しようと思っていました」

とのこと。その結果からみても、膀胱炎だろうという見立てだった。

「腎臓病の猫ちゃんは、膀胱炎になりやすいんですよ。抗生剤と消炎止血剤を数日分出しますから、それで様子を見ましょう。今から病院までお越しになれますか」

助かった、と私は思った。

電話を切り、「お薬もらってくるからね」とぽんたに声をかけ、クローゼットの奥からまだ一度も使ったことのない雨合羽を引っ張り出した。長靴を履き、おそらく役に立たないだろう傘を手に、私は玄関のドアを開けた。

## 25 この白い粒が寿命を左右する

暴風雨の中、徒歩と電車で隣町の動物病院に着く。院長先生が自ら受付に立ち、薬を用意して待っていてくれた。待合室はガランとしている。さすがにこの天候では来院する人もいないのだろう。

先日行った尿比重（尿の濃さ）測定の結果によると、ぽんたの数値は標準よりも低く、尿が薄いことが判明した。

本来、猫の尿は非常に濃く臭いもきつく、細菌が繁殖しにくい。だが慢性腎臓病の猫の尿は薄いため、細菌が増殖しやすく、膀胱炎にかかりやすいのだと先生は説明した。ぽんたの膀胱炎は「細菌性膀胱炎」との診断だった。

膀胱の炎症と出血を抑えるための抗生剤と消炎止血剤を十日分処方してもらい、帰路についた。

薬をぽんたに与えるのは数カ月ぶりだ。クローゼットの中で丸くなっているぽんたを抱え出し、ベッドの角と私の体で挟んで固定する。こちらの緊張ができるだけぽんたに伝わらないようにと呼吸を整え、頭を持って上を向かせて口を開き、錠剤を素早く落として口を閉じた。飲み込んだことが確認できたので手を離すと、ぽんたはブルブルっと頭を振り、なにごともなかったかのように、クローゼットに再び潜り込んだ。

私は安堵し、何度もぽんたの頭をなでてから、仕事へ出かけた。

その日の夜、ぽんたは少し出血をしたが、その後数日間はトイレに行く回数は多いものの、夜中に鳴いてうろうろしたり、トイレを出たり入ったりすることはなかった。

膀胱炎は再発しやすい。症状が見られなくなってもまだ細菌が残っている場合があり、途中で薬を止めてしまうと再び菌が繁殖する危険がある。落ち着いたと思っても投薬はしばらく続けるようにと先生から言われていた。

それから一週間後、再びトイレで血尿を発見、その後、私のベッド、続いてリビングのソファに粗相の跡を見つけた。

病院に連れて行き、皮下点滴に続いて、超音波検査をした。すると膀胱には、もやもやとした白い煙のようなものと、小さな塊が映った。

「まだ膀胱が炎症をおこしていますね。この塊は腫瘍とは考えにくいので、炎症を起こした物質か血の塊だろうと思います。しばらく薬を続けて様子を見ましょう」

と先生。

それでも粗相や血尿がおさまらず、塊が消えなければ別の検査が必要かもしれないとのこと。腎臓病に加えてさらに重い病気だったらと考えると気が動転しそうだった。しかし、点滴のおかげで体調がよくなり、積極的にフードを食べるぽんたを見ていると、その不安は薄らいでいった。

膀胱炎に効果があるというサプリメントも加え、投薬を続けてさらに十日。その間、一度粗相はあったものの、トイレに行く回数はしだいに正常に戻り、出血もなくなった。超音波検査をすると、もやもやと塊はきれいに消えていた。

さらに十日間薬を与え、今回の膀胱炎は治ったと診断された頃、血液検査を実施した。約一ヵ月にわたる膀胱炎さわぎのせいか、案の定、腎臓の数値は少し上昇していた。

「血圧を下げる薬をあげてみましょうか。ぽんちゃんの体に負担のない量を数日分出しますから、様子を見て調子がよいようなら少し増やしましょう」

と先生。

腎臓病の治療では、血圧を下げて腎臓への負担を軽くするため、降圧剤を処方することがある。それは以前先生から聞いていた。

「お願いします」

と私は言った。

降圧剤は、与え始めたら途中でやめることはできない。しかも一日一回、決めた時間に投薬しなければならない。投薬を忘れて時間が経つと再び血圧が上昇し、腎臓に負担がかかる。気がついた時点で与えれば血圧はまた下がるが、上がったり下がったりは体に負担がかかり、病状が悪化する。常に、血圧を下げた状態を維持することが望ましい、とのことだった。

床に落としたら、あっけなくゴミとして処分されてしまいそうな小さな白い粒。これが、ぽんたの寿命を左右する。

そう思うと責任の重大さを感じたが、私の心のもやもやは、きれいになったぽんたの膀胱と同じように晴れていた。

信頼できる病院と、おとなしく治療を受けてくれるぽんたの性格が、これからの闘病生活に希望を与えた。

## *26* 回復！　スポンジ拾いは健康のバロメーター

腎臓への負担を軽くするために、血圧を下げる薬を毎朝家で与え始めてから、ぽんたの体調は目に見えて回復した。

まず、フードを安定してよく食べるようになった。ぽんたには、療法食のドライフードを数回に分けて与えていたが、以前は、毎回の量を完食することはなく、ちょっと口をつけては残し、数時間後に残りを食べる、ということを繰り返していた。食欲のない日は、半日以上も放置されたままのこともあった。私は、療法食のウェットフードや療法食と似た栄養設計になっている高齢猫用のウェットフードも併用しながら、なんとか必要カロリーを摂取させていた。

それが、毎回のドライフードを残さず食べるようになった。食べ終わったあとも、もっと欲しそうな様子で器の前に座り続けたり、早朝に空腹を訴え、私を起こすようにもなった。

また、これまでのぼらなかった本棚の上に飛びのったり、ベランダに出たがったり、夜中にひとり徒競争のように廊下を疾走するなど、動きも活発になった。毛づくろいも爪研ぎも頻繁にし、むしろ慢性腎臓病になる前より元気なぐらいだった。

投薬を始めて一カ月後の血液検査では、腎臓病の進行を判断する血液中の尿素窒素とクレアチニンの数値が、ともに少し下がっていた。体重は四・六キロから四・八キロに増加。これは、食事をねだるぽんたの様子がうれしく、ときに規定量以上のフードを与えていたからだ。

今後も投薬は続けて、特に問題がなければ二ヵ月に一度の通院で、血液検査をしながら様子を見ていくことになった。点滴治療も、食欲が落ちた場合のみ行えばよいとのことだった。

野良猫だったぽんたを保護してから、十カ月が経っていた。慣れたと思ったら腎臓病発覚に膀胱炎と、初の猫との暮らしは予想もしていなかったことが続いたが、少し落ち着く兆しを見せていた。

自分が飼い主であるという自覚は強くなり、ぽんたとの距離も縮まっていた。

他の家の飼い猫の様子から判断するに、ぽんたはおっとりとした猫のようだ。「なーなー」とよく鳴き、おしゃべりではあるが、活動的なタイプではない。いたずらもしないし、猫用のおもちゃにも、それほど興味は示さない。ぽんたが家に来たばかりの頃は、いろいろな種類のおもちゃを買って試してみたが、夢中になったのはじゃらし棒だけだった。

そんなあるとき、ツレアイの部屋のドア下に貼っていたスポンジ製の隙間テープがボロボロになっているのを見つけた。ドアと床の隙間を埋めるために床に貼っていたもので、表面にボコボコ空いた穴の様子からして、どうやらぽんたの仕業らしい。貼り替えると、その日のうちにまたちぎられていた。ぽんたにしてはめずらしい行動だと思っていたところ、その現場を目撃したので「あーあ、だめじゃない、ぽんちゃん」とたしなめた。

ぽんたはすぐにちぎるのをやめた。そして自分で食いちぎった二センチほどのスポンジを前足でつつきながら、サッカーのドリブルのごとく、追いかけっこを始めた。どうやら、このスポンジで遊びたかったらしい。

そこでツレアイは、未使用の隙間テープを三センチほどにいくつかカットし、両面テープを貼り合わせ、立方体とも球体ともいえないような「なんとなくボール状」のものを作った。

これを投げると、ぽんたは走って追いかけた。ボールを捕まえると前足でつつき、蹴飛ばしては飛びつき、追いかけ、を繰り返しながら、ひとりでいつまでも遊んでいる。こちらが拾って投げてやると、のび上がってキャッチした。

この手製のスポンジボールは、ぽんたのお気に入りのおもちゃとなった。床に転がしておくと、毎日のように遊んだ。ただ、家具の隙間やソファの下に入ってしまうと、ぽんたは自力で取り出せず、じーっとボールをながめてその場に座り込む。そうするとこちらが取り出し、また投げてやるのだが、毎回は面倒だ。

そこで私たちはこのスポンジボールをいくつも作り、見失ったら次のボールを与えるようにした。

掃除をすると、床のあちこちからグレーのスポンジの塊が出てくる。それを拾い集めるのは、ぽんたの健康のバロメーターであり、うれしい作業だった。

## 27 家に迎えて一年、私をガラリと変えたぽんた

ぽんたが家に来てから一年が過ぎ、二〇一六年の暮れを迎えた。

降圧剤の投与を始めてから三カ月、体調はいいようだった。保護してからちょうど一年目となった日に、定期健診として全項目の血液検査を行ったところ、腎臓以外は特に問題はなかった。その腎臓の数値も、前回よりはまた少し改善されていた。

食欲も旺盛で、体重は四・九キロまで増えた。病院では「今後、また食欲が落ちて体重が減るかもしれないので、ある程度はあったほうがよいとは思いますが、ぽんちゃんの体格なら、四・七キロぐらいに抑えたほうがよいでしょう」とそれとなくダイエット

を勧告された。

一年前の今頃は、猫という生き物の存在にとまどい、その一挙手一投足におっかなびっくりしながら暮らしていた。今では家の中に猫のいる風景があたりまえになり、いないことが想像できないようになっていた。

朝は、掛け布団の上で私にくっついて寝ているぽんたを確認するか、食事の催促で起こされることから始まる。フードを与え、薬を飲ませ、ぽんたが家中をパトロールしたり、窓外をながめたり、スポンジボールで遊んだり、昼寝をしたりする姿に目をやりながら仕事をする。

猫トイレの掃除をし、ときにはじゃらし棒で遊ばせ、ブラッシングをし、構ってほしくて擦り寄ってくるときは、なでて、話しかける。夜になると「寝るよー」と声をかけ、私が布団の中に入ると、どこにいてもぽんたはやってきて、私の横で丸くなる。

外出する日は、「今頃ぽんたはどうしているか」が常に気になり、寄り道をせずに帰宅することが増えた。

こうして猫を飼うようになってから、「家の中に世話をしなければならない動物がいる」ということ以外にも、私を取り巻く環境は大きく変わった。

街を歩いていると、猫の姿が以前より目に入るようになった。外で暮らす野良猫はもちろん、民家の窓から外を眺めている飼い猫もだ。前は「猫がいる」程度の風景の一部でしかなかったものが、同じ空気を吸う生き物として、個性を持って存在するようになった。猫を見かけると足を止め、しばらく眺め、声をかけることが習慣となった。犬に対しても同様だ。動物が苦手だった私は、知らない犬に愛想を振りまかれると、かつては困惑していたが、今は、話しかけたり、なでることもできる。散歩中の飼い主と犬の姿を見ると、それぞれにドラマがあるのだろうなと、自分と重ね合わせてみる。

また、初対面の人でも、お互い「動物を飼っている」だけで急速に距離が縮まるということもわかった。ある飲み会の席で隣同士になった女性とは、ちょうど同じ頃にはじめて動物を飼い始めた、ということで意気投合。彼女は犬、私は猫と種類は違っても、それぞれの性格や悩みの話をしているだけで二時間があっという間に過ぎた。

ほかには、動物を扱ったテレビ番組、例えば大自然で暮らす野生動物のドキュメンタリーなどを見るようになったことも大きな変化だ。過酷な生存競争の中に身を置き、生き抜く彼らの様子は、作られたストーリーなどよりずっとドラマチックで、画面に引き付けられる。

その一方で、「動物園で暮らすホッキョクグマに暑中見舞いに氷柱《つらら》が贈られた」というような新聞記事を読むと、ほっとする。そして、エアコンの効いた部屋でぬくぬくと昼寝をする我が家の猫の頭をなでてみる。

それから、猫ブログを読みふけり、古今東西の猫にまつわる小説やエッセイも、かたっぱしから手に取るようになった。本棚には「猫」の文字が入った背表紙が増えていく。

そういった本には「かわいくおかしい猫との日常」だけでなく、死にまつわるエピソードも登場する。ほほえましいストーリーだと思って電車の中で読んでいると、急に悲しい出来事が登場し、目から溢れる涙を止められなくなることがある。猫に関する書物は、人前では読まないほうがよいことを知った。

人は歳をとると変わることが難しくなると言われる。齢五十になるまで、動物に興味がないどころか苦手だった私を「動物好きな人」に変えてしまう、ぽんたの力には驚かされた。

## *28* みんなに愛想がいい、飼い主の胸の内はちょっと複雑

ぽんたが慢性腎臓病と診断されてから一年が過ぎ、家に来て二度目の春を迎えた。

腎臓病用の療法食を与え、毎日の投薬と二ヵ月に一度の通院と血液検査の結果、数値

は少しずつ下がり、正常値の範囲に近づいた。

腎臓病は進行性の病気なので、数値が下がったからといって失われた腎機能が元に戻るわけではない。数値は、現在の腎臓がどの程度機能し、老廃物を濾過できているかの指標だ。数値が低くなれば、それだけ腎臓の調子がよく、病気の進行が抑えられていることを意味する。

実際、ぽんたは元気だった。ときどき、ドライフードに口をつけたがらない日もあったが、そういうときは療法食のウェットフードの量を増やせば必要カロリー量を摂取できたし、何もしなくても、一～二日もすれば食欲は回復した。私もぽんたの食欲に一喜一憂することはやめ、食欲がなくても「そういう日もあるだろう」と構えられるようになった。点滴治療をせずに半年近く過ごせていたし、体重は五キロに増えていた。

風が心地よい日に、ベランダで洗濯物を干す手を止めて腰を下ろし、日向で気持ちよさそうに転がるぽんたをながめる。一年前に宣告された「余命二年」は、楽に超えられそうな気がした。

ぽんたから見て、私とツレアイはお互いを「おじちゃん」「おばちゃん」と呼び合っていた。

ぽんたは子猫で保護したわけではなく、私たちと同世代か、それ以上の年齢だ。外で自立して暮らしていた経験もあるし、そういう猫に対して「おとうさん」「おかあさん」では少し違和感があったため、なんとなくこの呼び方になった。

ぽんたは、元野良猫にしては、人間に対しての警戒心が薄い。生粋の野良ではなく、なんらかの事情で野で生活することになってしまった元飼い猫だったからで、だからこそ、猫を飼ったことのない私のような人間でも保護することができた。

来客も平気だった。インターホンが鳴ると、どの部屋にいても、いったんは猛スピードで私の部屋に逃げ込む。そして、そのお客が部屋に上がり、リビングで私たちと話を始めるとトコトコと現れて、「ここにいるよ」という視線を送ってくる。それは相手が修繕工事の業者でも、友人の場合でも変わらない。

工事業者の場合は、その人が大きな機械音などをたてない限りは近くに寄り、興味深そうに作業を眺めている。

友人の場合は「ぽんちゃんだ、こんにちは」「かわいいねー」など、自分に関心を寄せて甘い言葉をかけてくれているのがわかるらしい。すぐに得意そうに床に転がっておなかを見せ、「なでてもいいよ」のポーズをとる。ぽんたは、人を引っ掻いたり噛んだりする癖もないため、安心して戯れてもらうことができる。

ひとしきりなでてもらい、打ち解けた様子のぽんたは、ソファに飛びのって友人の隣に座ったり、膝にのろうとする。さらに調子にのるとテーブルの上の料理に興味を示しはじめるので、厳しく諭してテーブルから引きはがす。すると今度は友人に向かって「なー」と鳴き、もっと相手をしろとアピール。私は、友人にその気があればじゃらし棒を渡し、しばらくぽんたと遊んでもらう。

近所に住む若い夫婦が来たときは、ご主人がぽんたをブラッシングしたいと言うのでペット用ブラシを渡した。酔いがだいぶまわっていた彼は、なぜかぽんたのことを「ポチ」と呼びながら、ずいぶん長時間ブラシをかけていた。ぽんたは嫌がることなく、されるがままになっていた。

一度に十人の来客があった日には、普段とあまりにも違う光景にさすがに居心地が悪かったのか、私の部屋に引っ込みがちではあった。それでも食事の時間には現れて台所でフードを食べ、水を飲み、廊下の猫トイレで排泄を披露した。

愛想がいいぽんたは友人からは高評価で、飼い主としてはうれしい。だが「飼い主にしか心を許さない猫」というのにも憧れる。誰にでも懐《なつ》くぽんたは、どこの「おじちゃんとおばちゃん」とでも楽しく暮らせるのではと、少し複雑な思いがするからだ。

## 29 腎臓病のぽんた、動物病院はお守り

猫を飼うまで、一生縁がないと思っていたもののひとつが、動物病院だ。

動物というものは、体の具合が悪ければ自然治癒力で治し、治らない場合は寿命がきて自然に亡くなる。それはペットも同じで、病気になった場合でも、よほどのことがない限りは家で飼い主が面倒をみながら自然のなりゆきにまかせる。そう想像していた。

だから、人間のような医療保険がなく、治療費が高額になるらしい動物病院は、お金持ちが行くところだと思っていた。飼っているのは、犬ならトイ・プードル、チワワ、ダックスフント、猫ならペルシャとかロシアンブルーのような純血種。かつて、ペットを人間扱いする飼い主に違和感を感じていた私は、知り合いが血統書つきの飼い猫の治療のために、軽自動車一台が買える費用をつぎ込んだ、という話を聞いたときは、驚いたり呆れたりした。

それが、ぽんたと暮らすようになって、考え方ががらりと変わった。

今では、ぽんたがちょっとくしゃみを連発しただけで、「すわ、病院か！」と思う。

動物病院は私の生活に欠かせない存在であり、「お守り」みたいなものだ。

動物病院に通うようになり、驚いたことはいろいろある。

人間の病院なら、耳鼻科、内科、泌尿器科など、診察する分野が分かれている。しかし一般的な小動物を扱う動物病院では日常的な風邪や怪我から、がんなどの重病まで一人の獣医師が対応する。あるときは歯科や産婦人科にもなるし、外科医として手術もする。しかも患者は、どこが痛いとか具合が悪いとかを述べてはくれない。「ものを言わない動物」相手の場合は、高度な医療技術や知識、経験以外に人間として何か必要なものがある気がする。

また、診察中におびえたり、ストレスの反動から凶暴になる動物もいるだろう。その証拠に、ぽんたの通う病院の院長先生の腕には、ときどき痛々しい傷跡が見られる。

それでも「駆け出しの頃は、診療中に動物たちに引っ掻かれたり嚙まれたりすると炎症をおこして腕が腫れることがありました。今は免疫ができたせいか大事には至りませんね」と先生は涼しい顔だ。

獣医師の診療の補佐をする動物看護師の存在も、猫を飼うようになって知った。ぽんたの通う病院の動物看護師は全員女性で、たとえば採血のときなどは、彼女たちがぽんたを押さえて動かないようにする。

その腕の筋肉の状態から、かなり力を入れていることはわかるが、ぽんたが痛がる様子はない。この作業は「保定」と呼ばれる。皮下点滴の際に、私が押さえていることがあるが、むずむずと居心地悪そうに体を動かす。獣医師が治療に専念するために、いかに重要な作業かがうかがえる。

こうした緊張感のある現場でありながらも、「ぽんたちゃん、えらいね」「毛並みがいいね」「おりこうだね」と、治療中に彼女たちがかけてくれる声はやさしい。そして受付では、「ダイエットさせたいのだけど、ねだられるとついご飯をあげちゃうのよね」というような飼い主たちの悩み相談にも、テキパキかつていねいに対応している。

これまで未知の世界だったプロの仕事にふれるのは心地がいい。私はぽんたの治療が終わると、いつもすがすがしい気持ちで病院をあとにしていた。

ぽんたが家に来て一年半、慢性腎臓病と診断されてから一年と三カ月が経った二〇一七年六月のある日、ぽんたが体調を崩した。

丸一日、ドライフードもウェットフードもほとんど口にしなかった。水もあまり飲まない。「なんとなく食が進まない」レベルではないと感じ、慌てて動物病院に連れて行った。

血液検査の結果、腎臓の数値は少し上昇していた。脱水もしているとのことで、八カ月ぶりに点滴治療を行った。

食事をとらなくなったり脱水するたびに、腎臓の機能は低下していくという。二日前までは、食欲もあり元気だったのに。

すると院長先生が言った。

「別の薬を追加してみましょうか」

血管を広げて血流をよくする錠剤だそうだ。ぽんたの体調改善に効果があるという。

ぽんたの腎臓の機能は、ゆるやかではあるが低下してきている。でもまだ、それを食い止めるための手段はあるのだ。

## *30* ぽんたの通院、待合室のおしゃべりが楽しみに

慢性腎臓病の進行を防ぐために先生から追加で提案された薬は、血管を広げて血流をよくするためのものだった。血行が悪くなると腎臓は老廃物をうまく濾過できなくなり、食欲不振や脱水を引き起こす。それを改善するため、腎臓病の猫に処方されることの多

い錠剤、とのことだった。

この薬は、毎日朝晩二回与える必要があるという。

「一日二回の投薬は、ちょっと負担が大きいかもしれませんが」

と心配する先生に、

「大丈夫です。ぽんたは薬を飲むのが得意なので」

と私は胸を張った。

そしてこれまで二ヵ月に一度だった血液検査は一ヵ月に一度になり、通院のたびに点滴治療を行うことになった。

動物を飼ったことのない人に「点滴治療のために病院に通っている」と話すと「猫が点滴中にじっとしていられるの？」と驚かれる。

猫にも、緊急の場合などは直接血管に針を刺して液体を入れる静脈点滴を行うことはあるらしい。だが腎臓病の治療で脱水改善のために行う点滴は皮下点滴、または皮下輸液といい、その名の通り、皮膚の下に輸液（点滴の液）を入れる方法だ。

猫の背中の皮を引っ張るとわかるように、人間と違って猫の皮膚は伸びる。皮膚と筋肉の間の皮下にゆとりがあるためで、ここにある程度の量の輸液を貯めることができるという。輸液は周囲の組織の毛細血管から少しずつ体内に吸収される。数分で終わるため、猫にストレスを与えることも比較的少ないという。

先生はぽんたの首根っこ、肩甲骨あたりの皮膚をつまみ、伸びたところにチューブにつないだ注射針を刺す。そしてチューブの反対側に取り付けたシリンジ（針のない注射器）で液体を押し込んでいく。

点滴中は、看護師さんではなく私が保定を行う。ぽんたは居心地が悪いらしく、体を左右に振ったり立ち上がろうとするが、なんとかそれをぎこちない動作で押さえ込む。

先生は「最初に液体が入るときは、違和感があって、猫ちゃんはむずむずするみたいですよ」と言う。針が刺さり、液体が流れ出してしばらくすると観念するのか、ぽんたはうずくまるような姿勢でじっとしている。

点滴の時間は五分程度。その間私は、透明な液体がチューブを流れてぽんたの体に入っていくのをながめながら、先生に病状について質問をしたり、世間話をする。

ぽんたが通っているのは、地域でわりと人気の病院のようだ。診察前に待合室に座っている時間が長くなることもある。

診察を待つ動物の多くは犬だ。犬は必要な予防接種の数が多く、病気の場合でも、散歩のついでに連れていくことができる。一方、猫は警戒心が強くて外に連れ出しにくいなどの理由から、病院への通院率は犬のほうが高いという。

だから、猫を連れている飼い主が隣り同士に座ると、自然と仲間意識のようなものが生まれる。お互いのキャリーバッグをのぞきこみ、「かわいい猫ちゃんですね」とどちらからともなく声をかけ、それぞれの猫の年齢、性別を聞く。そして来院理由や、病気や治療についてたずねるうち、猫と出会ったいきさつや性格にも話が及ぶ。病気や生活習慣について同じ悩みを持っていると会話はさらに弾む。診察室に呼ばれてしまうと残念に思うほど、意気投合することもある。

庶民的な商店街にある病院のためか、集まる飼い主も気さくで話し好きな女性が多い。多頭飼いをしていたりと、猫飼い経験も豊富だ。

「白黒ハチワレちゃんは、性格が穏やかでおとなしいわよ。今まで飼った家のハチワレ猫はみんなそうだった。活発なのは茶トラ、野性的で気が強いのはキジやサバトラね」と、キャリーバッグの中でじっと香箱を組んでいるぽんたを見て、話しかけてくる人もいる。

犬は散歩中に飼い主同士が交流することができるが、猫の場合はそれがない。私にとって、待合室でほかの飼い主と話をするのが、病院通いの楽しみとなった。

追加した薬の効果もあってか、その後ぽんたは順調に食欲と元気を取り戻していった。

# 31 いつも素直に口をあけて薬をゴクリ

慢性腎臓病のぽんたは、三種類の錠剤を飲んでいる。

血圧を下げる薬と血流をよくする薬、尿路結石を防ぐサプリメントだ。サプリメントは直径七ミリ程度の円形をしており、ほかの二種類の薬は小さくカットされている。

投薬は、私がぽんたの口の中に直接入れる方法で行う。

狙いどきは、ぽんたが朝と夕方の食事のあと、毛づくろいを終え、リビングや見晴台の上で香箱を組んでいる時間だ。

「ぽんたちゃん、今日もかわいいなー、ご機嫌いいねー」と猫なで声で近づき、背中と頭をなでながら「さあ、お薬ですよ」と声をかける。ゆっくりと頭をつかんで上を向かせ、素早く口を開けて舌の奥に薬を落とし、喉をさすって飲み込ませる。

最初の頃は、ベッドやソファの角など、私のからだとの間にぽんたを挟み、固定できる場所まで移動させて行っていた。慣れてくると、香箱の状態なら動くことはないので、その必要もなくなった。

こちらは、くつろいだ様子を装いながらも、投薬に神経を集中させることが重要だ。気持ちが少しでもよそに向いていると失敗する。薬を的確な位置に落とすことができず、舌の裏などに入ってしまうと、ぽんたが気持ち悪がって吐き出してしまうからだ。

それでも気をとりなおして再度試みれば、うまくいく。「猫への投薬って、別に難しくないな」と考えていたのだが、実際はそうではないことを、病院の待合室で、ほかの飼い主たちと話をしていて知った。

たいていの猫は、投薬の際に暴れたり、気配を察すると逃げるなど、なんらかの抵抗を見せるという。だから、錠剤は砕いてウェットフードやおやつに混ぜて与えたり、カプセルを活用したり、投薬器などの便利グッズを利用するなど、皆、さまざまな工夫をしていた。

家族の誰かに押さえてもらってやっと、という人や、投薬のために毎日通院している人もいた。ぽんたのようにいつも素直に口を開け、おとなしく薬を飲む猫は稀有なようで、「錠剤を直接指でつまみ、口の中に入れる」というやり方を一人で行っている飼い主は、今のところ私の周りにはいない。

ぽんたは、薬を飲むのが得意な猫だった。しかし、苦手なこともある。

ひとつは、爪切りだ。

室内飼いの猫は、飼い主が爪を定期的に切ったほうがよい、と聞いた。爪をカーテンに引っかけたり、家具を傷つけたり、人に怪我をさせる危険があるからだそうだ。それで、ぽんたを引き取ると同時に猫用の爪切りを購入し、飼育書やインターネットの動画で手本を見て、挑戦した。

しかしぽんたは、足先にちょっと触るだけで嫌がって、腕からすり抜けてしまう。無理やり押さえようとしてもダメで、暴れてこちらが怪我をしそうだし、深爪をして血管を切って出血させるのも怖い。

「投薬よりも爪切りのほうがずっと簡単」という人は多いが、私は早々に諦めた。どっちみち、月に一度は動物病院に通うこととなったため、無理はせずプロの手に委ねることにした。

そしてもうひとつ苦手なのは、抱っこである。

飼育書には、「猫が十分に慣れ、信頼関係を築いた相手であれば抱っこは簡単」というようなことが書いてある。自由を奪われている状態なので、信頼している人にしか許さない行為らしい。

しかし、家に来て一年以上たっても抱っこはできない。子ども時代に猫と暮らした経験があり、猫の扱いは私よりずっと慣れているツレアイでも拒絶されてしまうのだ。

ツレアイが抱き上げると、しばらくはキョトンと目を丸くして「何がおこったのか」という顔をしている。しかし十秒もすると脚をバタつかせ、体をくねらせて降りたがる。膝の上にはのってくるのに、自分の意思とは関係なく、人と接触させられるのは嫌らしい。

ツレアイですらこの有様なので、猫を抱っこした経験のない私は言わずもがなだ。しかし、抱えて移動させたり、キャリーバッグに入れることはできるから、日常生活に支障はない。愛猫を抱いてにっこりする飼い主の姿に憧れていたが、我が家では諦めることにした。

## *32* お泊まり先でおりこう、元気な声にホロリ

ぽんたが慢性腎臓病と診断され、余命は長くて二年程度と宣告されたとき、「不要不急の旅行はやめよう」と考えていた。しかし治療の効果もあり、想像していたよりずっとぽんたが元気に過ごしてくれたおかげで、その必要はなかった。

出張や旅行で家を留守にする際、ぽんたは通っている動物病院のペットホテルに預け

ている。

はじめてぽんたに「お泊まり」を体験させたのは、野良生活を送っていたぽんたを保護した日だった。今思えば、外で自由に動き回っていた猫を、病気でもないのに病院の狭いケージ内に何日も閉じ込めることなど、よく平気でできたと思う。

犬や猫にとって、知らない場所に預けられることは大きなストレスになる。フードや水をとらなくなったり、排泄をしなくなったり、不安になって暴れたりと、体調に異変をきたすこともあることは、知識として持っていた。だが実際に動物を飼ったことがなかったため、切実には感じられなかったのだ。

幸いにも、病院でのぽんたは初日こそ緊張していたようだが、二日目にはきちんと食事も排泄もし、世話をしてくれる看護師さんや先生の手に頭をこすりつけ、「くつろいで過ごしていた」と聞いた。

一般的に犬は「飼い主がいちばん」だと聞く。飼い主が一緒であれば、外出や旅行は比較的苦にならないらしい。逆に飼い主と離れることで分離不安症になる場合もあるという。実際、高速道路のパーキングエリアにはドッグランもあるし、犬同伴で泊まれる宿泊施設も存在する。犬は、家族の一員として旅行には連れ出しやすい存在なのだろう。

一方猫は、「おうちがいちばん」。旅行や外出することは苦手で、飼い主が不在でも、慣れた空間で過ごすほうを好む。フードと水、トイレを用意し、室温の管理に気をつけておけば一泊程度の留守番は問題ない。たとえ飼い主が一緒でも、移動そのものが猫にとってはストレスになると、飼育書などには書いてあった。

ぽんたを引き取ってから、実際に猫を飼っている知り合いに、外泊の際はどうしているのかを聞いてみた。

親戚や知人に食事の時間にだけ来てもらい面倒をみてもらう人、親戚や知人の家に預ける人、ペットシッターに頼む人、ペットホテルを利用する人。なかには「家族全員での旅行にはでかけない」という人もいた。

意外だったのは、実家や別荘など、猫の受け入れ体制が整っている滞在先の場合は連れていく、というケースが結構あったことだ。猫の性格にもよるのだろうが「飼い主が一緒であればまったく問題はない」と飼い主たちは口をそろえる。「犬は人につき、猫は家につく」というが、今時の飼い猫は人にもつくようだ。

考えた結果、持病のあるぽんたは、やはり病院に預けるのが安心だろうと私は判断した。体調に変化があった場合にも、すぐに適切な処置をしてもらえるからだ。ぽんたが、病院でもストレスなく過ごせる猫だとわかっていることもあった。

それでも毎回、預けるときは後ろ髪をひかれる。

出張や旅行先でも「今頃ぽんたはどうしているか」と気になる。帰宅して引き取りに行き、看護師さんから「とっても、とってもおりこうでしたよ！」と言われ、キャリーバッグの中で「ほなー」と元気に鳴くぽんたと再会するときは涙が出そうになる。

さらに、家では一度に少量ずつしかフードを口にせず、こちらは一日に何回も給餌をしてやっと必要カロリーを摂取させているというのに、病院では朝晩二回、毎回用意された量をペロリと平らげるというのだから驚く。また、食べ飽きたのか、家では見向きもしなくなっていたメーカーのフードも問題なく口にするらしい。

試しに、家に戻ってからフードを山盛りにしてぽんたの前に置くが、やはり食べ残す。別メーカーのフードを出してみても、匂いをかぐだけで口はつけない。

「おうちでは、いろいろすることがあるけれど、病院では暇だから。食べる以外ないのかもしれませんね」

という看護師さんの話に、なるほどと思うのだった。

# 第4章　給餌の苦労と数値との戦いの日々

## 33　おとなしいぽんたがはじめて人間に牙をむいた

ぽんたが慢性腎臓病と診断されてから丸二年が過ぎ、二〇一八年の春を迎えた。余命と宣告された期限を超えたが、ぽんたは元気で、毎日機嫌よく過ごしていた。食欲も安定し、体重も適正値よりやや多い四・八キロを維持していた。

慢性腎臓病の進行具合は、おもに血中に含まれる尿素窒素とクレアチニンの値で判断する。どちらも本来は腎臓から尿とともに排出されるべき老廃物の一種だが、腎機能が低下すると排泄されずに血中に溜まる。その量が増えれば数値は上がる。

ぽんたが慢性腎臓病と診断されたとき、尿素窒素の数値は血液一デシリットル中七十三・五ミリグラム、クレアチニンは三・三ミリグラムだった。参考正常値がそれぞれ十六〜三十六ミリグラム、〇・八〜二・四ミリグラムなのでかなり高い。

その後、腎臓病用の療法食を与える食餌療法と、脱水を改善するための点滴治療によって尿素窒素の数値は四十ミリグラム、クレアチニンは二・五ミリグラムまで下がった。しかし数カ月後には上昇し、血圧を下げる薬を毎朝投与することになった。その結果数値は下降し、しばらくは尿素窒素三十七ミリグラム前後、クレアチニンは三・一ミリグラム前後で落ち着いていた。

さらに下がってクレアチンが三・〇ミリグラムをきればと期待したが、投薬開始から八カ月が経過した頃に再び数値が上がり、血流をよくする薬を追加。リンの数値も上昇してきたので、体内に溜まったリンを体外に排出させるための吸着剤を、フードに混ぜて与えた。その後リンの数値は下がったが、尿素窒素とクレアチニンに変化はなかった。ただ上昇もせず、それぞれ四十と三・八ミリグラム前後で安定していた。

慢性腎臓病は適切な治療を行っていても、じわじわと進行していく病気だそうだ。実際、数値だけを見ていると、ぽんたの腎臓の働きはゆるやかに低下しているといえる。

腎臓はネフロンという組織の集合体で、一度壊れると元には戻らない。先に記したように、残されたネフロンがその分も働こうと頑張ってはいるが、やがて残ったネフロンにも負担がかかり徐々に壊れていく。

企業にたとえるなら、社員が次々とやめていき、少人数体制でなんとか従来の仕事をこなそうとしている、という状態だろうか。そのまま持ちこたえられればよいが、激務のあまり過労で倒れる社員も出てさらに人数が減れば、業務が立ちゆかなくなってしまう。

そしてまた、月一回の血液検査の日がやってきた。

「ぽんちゃん、ちょっとチクッとするからね」「がんばろうね」と院長先生と看護師さんに声をかけてもらいながら採血。続いて皮下点滴を行う。

先生が注射針を刺すために、ぽんたの首の後ろ側、肩甲骨のあたりを消毒する。私はぽんたのからだを両手で押さえ、針を刺す先生の手を目で追いつつ、いつものように「先生が飼っていらっしゃる猫ちゃんは……」と雑談をはじめようとした。

そのとき、それまでおとなしくしていたぽんたが突然「うーっ」とうなった。顔を背中に刺さった針のほうへ向け、体をくねらせながら立ち上がろうとした。

注射針が体から抜けた。「ごめんね、少しの辛抱だからね」と先生は再び針を刺そうと構え、私はより力を入れてぽんたを押さえた。

するとぽんたは「シャーッ」と声を発して振り返り、先生の腕に向かって牙をむいた。腕を引くのが少し遅ければ、ぽんたは噛みついていただろう。先生の手は固まり、私は声が出ず、その場に沈黙が流れた。

ぽんたが人間を威嚇する姿を見たのははじめてだった。特に病院ではいつもおとなしく、「とってもおりこうなぽんたちゃん」で通っていたのに。

先生はいったん診察室を出て、さきほどの採血のときに保定してくれた看護師さんを連れ、エリザベスカラーを手に戻って来た。

エリザベスカラーは、犬や猫の首の周りに装着する、ラッパに似た襟のような形の樹脂製の保護用具だ。手術や怪我などの傷口を、動物が自分で噛んだりなめたりして悪化させないようにするためのものだと思っていた。それ以外の使い方もあるのだ。

エリザベスカラーを装着され首の自由を奪われて抵抗できなくなったぽんたは、心なしか不満げな表情をしている。

それでも、もぞもぞと体を動かしていたぽんただったが、看護師さんにがっちりと足を押さえられると観念した。

「ぽんちゃん、今日はどうしちゃったのかな、反抗期かな」

点滴が終わり、キャリーバッグにおさまったぽんたに顔を近づけ、先生は声をかける。

理由がわからない私は、先生に謝って病院をあとにした。

血液検査の結果、ぽんたの腎臓の数値はまた少し上昇していた。

## *34* 再び猛抗議！　点滴の間じゅう叫び続けた

ぽんたが、はじめて動物病院での治療に「抗議の表明」をした日、血液検査の結果はあまり芳しくなく、血液中のリンの量が増えていた。

リンの含有量が少ない療法食を食べさせ、リンを体外に排出させる吸着剤も毎日与えているのに、とがっかりした。それでも体重は落ちておらず、なによりぽんたは元気なので、しばらくはそのまま様子を見ることになった。

しかし、それから数日経つと、ドライフードをあまり食べなくなった。ウェットフードをトッピングして出すと、なんとか一回分は完食するが、ドライフードのみでは数粒しか食べない。体調が悪くて食欲がない、という感じでもない。フードを保管している棚の前に座って私の顔をじっと見上げたり、シンクに伸び上がって「何かないか」という様子でのぞきこんだりする。

療法食は、猫にとってはそれほどおいしいものではないらしい。たんぱく質と塩分を制限しているというから、わからなくはない。だしも塩気もきいていないみそ汁みたいなものだろうか。もともとは嗜好性の高いものを好むという猫が、味に面白みのない同じフードを毎日食べさせられ続けたら、飽きるのも無理はない。

そこで、同じ療法食でも種類が変われば食べるようになるのではと考え、ペット用品店に出かけた。ぽんたがまだ食べたことのないメーカーの療法食を偶然みつけたので、少量サイズを一袋購入し、家に帰ってさっそく与えてみた。

ぽんたは、食器をチャリンチャリンと鳴らしながら猛烈な勢いで食べきり、満足そうに顔を洗った。

多少は味が目新しくなり、気分も変わったのか、ぽんたはそのフードをよく食べた。しかし二週間がたち、買い足した二袋目が半分なくなったころには、また食べ方がにぶってきた。今度は、ウェットフードをトッピングしてもあまり食べない。私は心配になり、一カ月後の定期検査の日を待たずに、ぽんたを動物病院に連れて行った。

前回は点滴の際に院長先生に牙をむき、治療に支障をきたしたことから、エリザベスカラーの装着を余儀なくされたぽんた。だが、血液検査のときは問題ないはずだ。採血は一瞬で終わるし、看護師さんにしっかりと足の付け根を押さえられてしまえば、抵抗はできない。

今回、ぽんたを保定してくれるのは、初めて会う青年だった。新卒の獣医研修生かなと、私は思った。

その青年がぽんたの足を握るが、どこかぎこちない。先生がぽんたの後ろ足を消毒し、針を刺した瞬間、ぽんたは「あーーーー！」と耳をつんざくような声を上げた。

先生は緊張した様子でさっと針を抜いた。注射筒には無事、血液が採取されていた。

続いて、点滴だ。診察台から降りようと、体をくねらせもぞもぞ動くぽんたを青年が押さえ、先生がエリザベスカラーを装着する。それでも立ち上がろうとし、「シャー」とか「あーうー」とかぽんたは騒ぐ。

青年は無言ながらも必死で保定を試み、ぽんたの体をがっちりと押さえ込んだ。私は頭をなでながら「ぽんちゃん、いいこでね、おとなしくね」と声をかける。

点滴がはじまると、ぽんたは「うー」と低い声で唸り、やがて「あーあーあーあーあーーー！！！」と段階的に声のトーンを上げ、最後には悲鳴にも近いような高い声で叫び続けた。

いつもは、先生と雑談をしながら穏やかに過ぎる五分間の点滴が、この日はひどく長く感じられた。叫び声は、待合室にも響きわたっているだろう。「気難しい猫ちゃんがいるのね」と思われているに違いない。待っている動物たちにも恐怖心を与えるのではと考えると、いたたまれなかった。

背中から注射針が抜かれ、消毒が終わると、ぽんたは吐き捨てるような「シャーッ！」を発したが、キャリーバッグに入れられると嘘のようにおとなしくなった。帰宅後、ぽんたは待ってましたとばかりにキャリーバッグから飛び出し、ローテーブルの下にもぐった。

診察台でのぽんたの様子をツレアイに報告した。「新人の先生がまだ慣れてなくて、居心地が悪かったんじゃないか」というのが、彼の見解だった。

そうかもしれない、と私も思っていた。でも、注射針が刺さっていたところを、届かないのに必死でなめようとしているぽんたを見ながら、それだけではないような気がしていた。

## 35　こんなに元気なのに。検査結果に目を疑う

ぽんたを保護して、はじめて動物病院に連れて行って以来、一度たりとも診察台の上で騒いだり、牙を見せることはなかった。そのぽんたが、点滴治療中に「絶叫」した。なにごとかと動揺したが、血液検査の結果、数値は横ばいだった。

ここ数日、フードの食べ方が芳しくなく、心配で病院に連れて行ったのだが、腎臓病が悪化したわけではなさそうだ。体重も前回と変わっていないし、触診した限りでは、胃腸にも特に問題はないと院長先生は言った。

食が進まなくなったのは、やはりフードの選択に原因があるのだろうと私は考えた。

インターネット上では、腎臓病の猫の闘病を記したブログが多数存在する。同じ療法食を継続して食べる猫は少ないようで、どの飼い主も愛猫の食べ飽きに悩み、フード探しに苦労する様子がつづられている。

ぽんたは幸いにも約二年間、同じメーカーのフードを食べてくれていたが、さすがに食傷したらしい。かといって、ペット用品店で購入した新しいフードにもあまり興味を示さない。

ブログを見ると、この二年の間に療法食の新製品が登場し、ずいぶん選択肢も広がっている。

私は、評判のよい療法食のなかからドイツのメーカーのものと国産のものを選び、一袋ずつオンラインショップから取り寄せた。

ドイツ製のフードはグルテンフリーでからだにやさしいことを売りにしている。これまでぽんたが食べていたフードに比べて粒が大きく形も不揃いだが、素朴でおいしそうに見える。

はたして、ぽんたはボリボリと音を立てながらよく食べた。しかし喜んだのもつかのま、一週間も経つと勢いは衰えた。歯周病で歯がほとんどないぽんたにとって、粒が大きいと食べづらいのかもしれない。そこで砕いて与えてみたが、かえって敬遠した。

もうひとつの国産フードは、老廃物を吸着して体外に排出する効果があるという活性炭を配合している。そのせいか色は黒い。なぜかマーガリンを塗ったトーストのような不思議な匂いがする。

このフードをぽんたが口にしたのは最初の二日だけ。三日目には、ちょっと口をつけると「これかー」という感じで顔を食器から離してたたずみ、じーっと私を見上げて、「ほかのはないの」という顔をする。

台所の棚の中には、中途半端に封の開いたドライフードの袋がいくつも並んだ。療法食は安くはない。乾燥食品とはいえ、いったん封を開ければ香りは飛び、味も落ちるだろう。

私は、これらのフードをローテーションで与え、なんとかぽんたが気に入って食べてくれる「配合」をみつけようと躍起になった。ウェットフードを多めにトッピングしたり、猫用のかつおぶしや、「腎臓病の猫ちゃん用のおやつ」を砕いて少量ふりかけたり、ときには二種類のフードを混ぜてみたりもした。

そうこうするうちに、また月に一度の定期検査の日がやってきた。

今回、血液採取の際に保定をしてくれたのは、新人の先生ではなく、慣れた看護師さんだった。ぽんたは叫んだりすることもなく、おとなしく血を抜かれていた。

しかし、点滴がはじまるとまたもや「うー」「あー」「シャー」と大絶叫だ。

点滴が終了すると、なにごともなかったかのようにキャリーバッグの中で黙って香箱を組み、くつろいでいるようにさえ見える。そのぽんたの心境をはかりかねながら、待合室で血液検査の結果を待った。

名前を呼ばれ、診察室に入る。

「検査の結果なんですけど……」

いつになく、先生は口ごもる。

「腎臓の数値が、かなり上がっています」

尿素窒素、クレアチニン、リン、すべての数値が上昇していた。クレアチニンに関しては、これまで見たことのない高い数字になっている。

私は目を疑った。確かに、食事のとりかたは不安定だったが、それでもおおむね毎日、必要なカロリーは摂取できていたはずだ。その証拠に体重は前回と変わっていない。

なにより、ぽんたは家ではいつも機嫌がよく、元気なのだ。

「血流をよくする薬を増やしましょう」

先生の言葉に、私は心の中で深いため息をつき、「わかりました」と答えた。

## 36 食欲がない、元気な姿が見たい！　給餌を決意

ぽんたが慢性腎臓病と診断されてから二年と二カ月が過ぎ、家に迎えてから二度目の新緑の季節がめぐってきた。

晴れた日の午前中、ぽんたは家の中のパトロールを終えるとベランダに出て、ひだまりで丸くなるのが日課となっていた。

眩しい光を受け、ゆっくりと上下するぽんたの黒い背中を眺めながら、私の心は重かった。ぽんたの腎臓の数値が、大きく上昇していたからだ。

点滴治療を行い、血流をよくする薬の一日の投薬量も増やした。それでも、食の進みは安定しない。

療法食のドライフードは、いろいろ試したが、結局、前から食べていた国産のものが

もっとも口に合うらしかった。とはいえ、食べる量は数カ月前に比べると大幅に減っている。

療法食のウェットフードをトッピングすると、多少進みはよくなった。しかし、だんだんと、トッピングだけ平らげて、肝心のドライフードは半分も食べない状態になっていった。

缶詰のウェットフードはシチューに似た形状で、野菜のような具がゴロゴロ入っている。開けたては、人間でもちょっと口にしたい、と思わせるようなおいしそうな匂いがする。

欠点は水分が多く、重量に対してカロリーが少ないこと。ぽんたの体重だと、一日に必要なカロリーを摂取するためには、約八十グラム入りの缶を一日に三缶近く食べさせなければならない。食欲が減退している今のぽんたには、明らかに無理だった。

動物病院の院長先生には「食欲が出ないようなら、様子を見て点滴治療に来てください」と言われていた。私は、四〜五日に一回の頻度で、ぽんたを病院に連れて行くようになった。

点滴中に騒ぐようになったため、病院行きにも抵抗を示すのではと危惧したが、それはなかった。ぽんたはいつでも、こちらの都合に合わせて捕まえることができ、素直にキャリーバッグにも入る。病院の待合室にいる間もおとなしく、診察を待つ犬たちにちょっかいを出されても動じない。

豹変するのは、診察台で看護師さんに保定され、エリザベスカラーが装着され、先生が脱脂綿に消毒液を染み込ませた瞬間だ。

「うー」と唸り出し、点滴液が流れはじめると、体を浮かしながら「あーー」という叫びに似た声を発し、そのまま叫び続ける。輸液が終わり、注射針が抜かれ、消毒が終わると、「シャーーー！」と先生に向かって牙をむく。

すべて終了し、キャリーバッグに戻ると、何事もなかったかのように静かになる。毎回同じタイミングで繰り返されるこの「うー」「あー」「シャー」は、ぽんたの点滴治療の一連の儀式、というように先生たちも私も捉えるようになった。先生は「今日もぽんちゃんに怒られちゃったね」などと言いながら頭をなでてくれる。

しかし、食欲は改善されない。これまで一定を保っていたぽんたの体重は、じわじわと減ってきていた。

変化は体重だけではなかった。チェストや見晴台にのぼって外をながめたり、毎日のパトロールは欠かさないぽんただが、真夜中に廊下を疾走することがなくなった。お気に入りのスポンジボールや、ブラッシングで抜けた毛を丸めて作った毛玉ボールで遊ぶこともなくなった。

翌月の定期血液検査では、腎臓の数値はまた大幅に上昇していた。尿素窒素、クレアチニンともに正常値の三倍近い数字になっている。

一カ月前に四・七キロあった体重は、四・二キロに落ちていた。検査の日の朝、ぽんたはウェットフードを数口食べただけで、ドライフードにはほとんど口をつけなかった。

このまま食欲が回復しなければ、さらに腎臓病は悪化する。

「食欲を増進させる薬を出すこともできますが、どうしましょう？　それとも、おうちで給餌をしてみますか」

と先生は聞いた。

自発的に食事をしなくなった猫に、強制的に栄養を摂取させる行為だ。食欲のなくなった腎臓病の猫に行う飼い主が多いことは知っていた。

動物の口を無理にこじ開けて食べ物を入れるなど拷問のようだと、以前は感じていた。しかし今は、希望の光に思えた。強制的にでも食事を与えていれば食欲が戻るかもしれない。元気になって、スポンジボールを夢中で追いかける姿が、また見られるかもしれない。

私は「やります」と答えた。

## 37 給餌を嫌がるぽんたに懇願

給餌の方法は看護師さんがぽんた相手にデモンストレーションしてくれた。先端をカットした細いシリンジにペースト状の療法食を詰め、ぽんたの口の端から差し込み、素早くフードを口の中に投入する。

ペーストになったフードは粘り気があるため、一般的なウェットフードより注射筒に充塡しやすい。また、食欲が減退した猫が少量でも栄養が摂取できるよう、高カロリーに設計されている。

給餌は、猫の口まわりに触れ、口を開かせるのが第一関門だと看護師さんは言った。これに関しては、私は毎日の投薬で慣れている。だからそう難しくないとたかをくくっていたが、実際、家でやってみると違った。

シリンジをぽんたの口の中に差し込んだと同時にプランジャーと呼ばれる竿の部分を押し、さっとシリンジを引き抜く。しかし何度やってもフードは口の中には入らず、棒状になって床にぽたっと落ちる。引き抜くタイミングが早すぎるからだ。かといってフードが確実に入ったのを見届けてから引き抜こうとすると、ぽんたは首を振って抵抗する。その勢いでフードはぽんたの顔や体の上に飛び散った。

ぽんたが動かないように、誰かに押さえていてもらえればスムーズにできそうだが、あいにくツレアイは長期出張で留守だ。

幸い、ぽんたはこのフードが気に入ったようで、床に落ちたものをきれいになめた。試しにドライフードとともに食器に盛ると夢中になって平らげ、満足そうに顔を洗った。それから数日間は給餌に挑戦する必要もなく、ぽんたは元気を取り戻したのだが、案の定、また口をつけなくなった。

私はシリンジを使うことは諦め、手で直接口の中にフードを入れる方法を試すことにした。

右手の人差し指に少量のフードを取り、左手でゆっくりと頭をつかんで上を向かせ、素早く口を開けてフードを入れて口を閉じ、喉をさすって飲み込ませる。投薬と同じ要領だ。違うのは、ベタベタしたペースト状のフードを舌の奥に落下させるのは物理的に難しいので、口の端にこすりつけるようにしながら行うところだった。

この方法は、最初はうまくいった。ぽんたは嫌がりもせず、素直にフードを飲み込んだ。だが投薬は一度に一回ですむが、給餌は一度に約十回は行わないと必要なカロリーが摂取できない。ぽんたにしてみれば口をこじ開けられて、食べたくもないフードを朝昼晩と日に三十回近くも入れられるのだから、たまったものではない。

ぽんたは給餌に抵抗するようになった。一度の給餌で、連続五回まではなんとか受け入れてくれるが、それ以上になると歯を食いしばり、頭を振り、体をくねらせて逃げ出す。

私はフードの入った容器を手にぽんたを追いかけた。「あと三回だけでいいから」と懇願しながら、再びぽんたの口に手をかける。

これを繰り返すうち、ぽんたは給餌のあとはきまって、クローゼットに引きこもるようになった。

私は日に三度といわず、五度、七度と、ぽんたの機嫌がよさそうなときを狙って給餌を行うようになった。ノートに給餌をした時間、回数、フードの量を克明に記し、一グラムでも多くフードを食べさせることで頭がいっぱいになった。

動物病院には二〜三日おきに通院し、そのつど皮下点滴もしていた。それでも、体重は減るいっぽうだった。

摂取カロリーを増やすため、ペースト状のフードの中にドライフードを砕いて混ぜてみたこともあった。これは逆効果で、ペーストが硬くなって飲み込みづらくなるのか、風味が混じって気持ちが悪いのか、ぽんたは吐き出してしまう。

やがてぽんたは、私がフードを持って近づくだけで、気配を察して逃げ出すようになった。

「ちょっとだけ食べて」と言いながら、クローゼットの奥に引っ込んだぽんたに手をのばす。すると「ぎゃああ」と、これまで聞いたことのない叫びのような声を上げ、目を吊り上げた。

まるで、知らない猫のような表情をしていた。

私はクローゼットから離れた。

その日は、それ以上給餌をすることはできなかった。

## *38* 嫌われるのがつらい。家での給餌をやめた

食事をしなくなったぽんたに強制的に給餌をしていたが、最初は協力的だったぽんたも、次第に抵抗するようになった。

ぽんたに嫌われたくはなかった。しかし、給餌によって体重が増えれば元気も出て、

また自分の口からものが食べられるようになるかもしれない。そうすれば「あのとき無理をしてでも、頑張ってフードを与えていてよかった」と思える。

そう信じて、私は、給餌を続けた。食べなければ腎臓病はますます悪化する。ぽんたが首を振って抗議しようが、逃げ出そうが、威嚇してこようが、すべてはぽんたのためだと、心を鬼にした。

ツレアイが長期出張から戻ってきたとき、私は給餌の際にぽんたを保定してくれないかと懇願した。ツレアイは、私からのメールで留守宅の状況を把握していたが、強制的に食事を与えることには難色を示していた。そこを「二人で取り組めば、もう少し楽にできるから」と説得した。

ツレアイがぽんたの体を押さえ、私が頭をつかんで口を開ける。確かに、口の中に指でフードを適切な場所に入れる作業には集中できるが、ぽんたが嫌がることには変わらない。自分を束縛する手を振り払おうと背中を持ち上げ、立ち上がろうとするぽんたをツレアイが押さえ込む。私は、そっぽを向く顔をつかんで正面に向かせ、口をこじ開ける。

「ぽんた、ごはんだよ、さあ食べて」と私。

「ごはんを食べよう、ちゃんとおばちゃんのいうこと聞いて」とツレアイ。

ぽんたに、なんとか三口分を飲み込ませることには成功した。だが、これ以上、私たちの思い通りにすることには限界があった。

手を離すと、ぽんたは脱兎のごとく私の部屋のクローゼットに向かった。その日はそのまま、夜中になるまで私たちの前に姿を現さなかった。

「給餌はやめよう。ぽんたがかわいそうだよ」

ツレアイが言い、私はその言葉を受け入れた。これ以上、嫌がる様子を見るのはつらい。それよりつらいのは、ぽんたが私にすり寄ってきたり、夜、ベッドの上にのぼってくることがこの一週間、めっきり減ったことだった。

翌日、点滴治療のために動物病院に行くと、ぽんたの体重は四キロをきっていた。

院長先生に、自分で給餌をするのは難しいと伝えた。

「じゃあ、おうちでは無理はしないで、ごはんは病院に来たときに食べていくことにしようか、ぽんちゃん」

先生はそう言い、ぽんたの顔をのぞきこんだ。

二〜三日に一度の通院の際、点滴のあとに看護師さんに給餌をしてもらう。もちろん、それだけでは不十分なので、家ではぽんたの様子を見ながら、無理のない範囲で私がフードを与える。

一日に必要なカロリー量や、体重維持に固執するのはやめ、毎日、少量でも何かをぽんたの口に入れることだけを目標とすることにした。栄養と水分補給に効果的なリキッドタイプの療法食を教えてもらい、それも購入した。

看護師さんの給餌は、さすがの手早さで、鮮やかなマジックを見ているようだ。ぽんたが装着しているエリザベスカラーの端をつまんで首をちょっと上にむけ、そのまま口の端にシリンジをさっと差し入れる。引き出したときにはシリンジは空になっており、ぽんたはごくっと喉を鳴らす。

この作業は何度も繰り返されるが、ぽんたは抵抗しない。点滴中のように「うー」とか「あー」とかわめくこともなく、おとなしくフードを飲み込んでいる。

心地よさそうにしているわけでもなければ、苦しそうでもない。病院でならしかたないと、観念しているようにも見えた。

その日の午後、病院から戻るとぽんたは、リビングに置いてあるテレビの後ろに隠れてしまった。

日が暮れてもその場所から動かず、トイレに行ったり水を飲むとき以外は、ほとんど寝ている。顔も洗わないし、毛づくろいもしない。

これまで、テレビの裏に行くことなどなかったのに、どうしたのだろうか。

深夜になっても、私の部屋に来ることはなかった。

## 39 病気が進み足取りふらつき、朝一番で病院へ

翌朝、起床するとぽんたは私の部屋のクローゼットの中で眠っていた。昨晩は私たちが就寝する時間になっても、リビングのテレビの裏から出てくる気配がなく心配していたのだ。この日の朝は元気そうで、日向でのんびりと顔を洗い、私の足にもすり寄ってきた。

様子を見ながら、朝と昼に二回、ペースト状のフードを口の中に入れてみた。わずかな量だったが、抵抗せずに食べてくれたのでうれしく、安心して仕事にでかけた。

しかし夜帰宅すると、いつもは玄関に出迎えにくるはずの姿が見えない。名前を呼びながら探すと、普段は潜ることのないリビングのソファの下の、奥の方で丸くなっていた。声をかけると出てきたが、心なしか足元がふらついている。

その日の晩も、ぽんたはテレビの裏で過ごした。トイレと水を飲む以外に立ち上がることはなく、顔も洗わず、毛づくろいもせず、前足に頭をのせた格好で横たわっていた。

翌朝、昨日にも増して足取りがふらふらしているぽんたは、窓辺のチェストに飛びのろうとしたが失敗し、前足を縁に引っ掛ける姿勢から床にずり落ちた。

私はぽんたを抱え上げてキャリーバッグに入れ、朝一番に病院に連れて行った。

血液検査の結果、ぽんたの腎臓の数値はクレアチニンが十二・一ミリグラムと正常値の約六倍で、尿素窒素とリンは計測不可能な値まで上昇していた。

ひどい貧血であることもわかった。ぽんたの足元がふらついている理由は、それだった。腎臓は赤血球を造り出すためのホルモンを分泌している。腎臓病が進むとこの機能も低下し、新しい赤血球が補充できなくなる。そのため、貧血になるという。

「この数値だと、数日間入院して静脈点滴を行い、からだの中の老廃物を集中的に外に出すことが必要なのですが……ぽんちゃんは長く病院にいるのは苦手なので、できる限り頻繁に通院してもらって、これまで通り皮下点滴をしましょう」

院長先生の話を聞き、そんな悠長なこと、と私はうろたえた。「え、」と口にし、「それでも入院治療を」と続けようとした私の気持ちを見越したように、先生はきっぱり言った。

「いや、やめたほうがいいです。入院は、ぽんちゃんにとって大きなストレスになりますから」

言葉が出なかった。おそらく、ぽんたの症状は末期なのだ。「腎臓病は、安定していた状態が悪くなりはじめると、最期に向かって一気に加速していく傾向がある」と、先生には以前言われていた。

もし、静脈点滴によって完治する病気であれば、無理して入院させる意味もあるだろう。だが、慢性腎臓病は完治が望めるわけではない。残された猫生の中で、足に針を留置され、狭いケージに何日も閉じ込められた状態で過ごすことが、今のぽんたにとって幸せだろうか。

ぽんたが家での給餌を拒むようになり、ツレアイと話し合い、決めたことがあった。それは「ぽんたにとってストレスのかかる治療はしない」「無理に延命はしない」『その日』が近づいてきたら、できるだけ長く家で一緒に過ごす」ことだった。

その翌日からは、私は毎日ぽんたを病院に連れて行った。

ぽんたは、点滴中は「うー」「あー」「シャー」と相変わらずうるさく抗議をするが、通院そのものには抵抗はしない。点滴と給餌の効果で、二日たつと少し元気がもどり、造血ホルモン注射のおかげで貧血も改善され、足取りもしっかりとしてきた。

昼も夜も、テレビの裏やソファの下に潜って過ごしているが、頭を起こしている時間も長くなり、のぞきこむと口を小さく開いて挨拶するようにもなった。

四日たつと、リビングを歩き回り、のびをするようにもなり、夜には、私のベッドにのぼり、脇腹にくっついて目を閉じるようになった。

ぽんたをなでると、背骨がゴツゴツと手にあたる。黒光りする毛並みが自慢だったのに、自分で毛づくろいができないせいで、毛の色はくすみ、ベタついている。

猫用のシャンプータオルで、ぽんたの体をていねいに拭くことが日課に加わった。

「きれいにしようね」

そう声をかけながら私は、ぽんたが再び自分で毛づくろいする日を夢見ていた。

## 40 介護の日々、大変だがつらくはなかった

ぽんたが家に来て三度目の夏を迎えた。例年より梅雨明けが早く、七月の初旬ですでに気温は連日三十度を超えていた。

慢性腎臓病と診断されてから二年と五カ月目に入り、腎臓の数値が測定不能な値にまで上がった日から、私はほぼ毎日のように自転車をこぎ、動物病院にぽんたを運んだ。

治療のおかげで足元のふらつきと脱水は改善された。とはいえ、なんとか持ち直した、

という状態で、決して元気になったわけではない。日中は、ほとんどの時間をリビングのソファの下かテレビの裏に潜って過ごし、たまに出てきても、床の上でじっとしていることが多かった。

免疫力が下がったためか、風邪のような症状も出て、目やにや鼻水が目立つようになった。また腎臓病の悪化とともに、保護したときからぽんたが患っていた歯周病も進んだ。口臭はきつくなり、よだれがひどい。よだれは、腎臓から排泄されなくなった老廃物が体にたまって起こる、尿毒症の影響もあるようだった。

ぽんたは気持ちが悪いらしく、フードもほとんど受けつけない。病院ではペースト状の療法食を通院のたびに給餌してもらっていたが、一度、帰宅後に吐き戻したことがあった。それ以来、給餌の量が減らされ、ますます栄養は摂れなくなっていた。点滴の際に吐き気止めの薬も一緒に入れてもらうようになったが、あまり効果はないようだった。

体重は三・七キロまで落ちた。二カ月前に比べると一キロ減で、人間にたとえて換算すれば、約十キロ減ったことになる。

体重の増減にはこだわらない、と決めてはいたが、坂を転がるように減っていく数字を目のあたりにすると、冷静ではいられない。口の周りをベタベタにして、ギュッと口を結んでいるぽんたを見ていると、これ以上、ペースト状のフードを家で食べさせることは無理だった。

そこで私は、以前病院で紹介された、リキッド状の療法食を与えてみることにした。高カロリーの流動食で、栄養と同時に水分も補給できるのが利点だ。

シリンジでクリーム色の液体を吸い上げ、ぽんたの頭を押さえて軽く口を開き、口の端からシリンジの先を差し込む。液体を飲ませるときは、ぽたぽたと数滴、舌の奥に落とすことがコツだと病院で教えてもらった。やってみると、ペースト状のフードを与えるよりはずっと簡単だ。ぽんたも、液体なので嚥下しやすいらしく、何度か繰り返しても嫌がらずにつきあってくれる。

数日経つとシリンジの扱いにも慣れ、一日に給与できる量も増えていった。これも強制的な給餌には変わりはないが、ぽんたに負担がかからない限りは、続けようと決めた。

私の一日は、ぽんたを中心にまわっていた。通院、朝晩の投薬、数時間おきの給餌、点鼻薬の投与。トイレに間に合わずに粗相をしたときは、その始末。相変わらず毛づくろいをしないので、消毒液を含ませたコットンで汚れた目や口の周りをこまめに拭く。背中や脚はシャンプーシートできれいにし、ブラシで毛並みを整える。

仕事以外の外出はできるだけ控え、家ではリビングにパソコンを移動させ、常にぽんたが視界に入る場所で仕事をした。友人からの近況をたずねるメールには「猫の病気が進み、介護の日々です」と返信した。

介護は大変だが、つらくはなかった。病気が悪化したとはいえ、ぽんたと一緒に過ごせる時間があるのはうれしかったからだ。暑いさなかの通院も苦ではなかったし、「いい天気だね」とぽんたに話しかけ、入道雲が眩しい夏空を仰ぎながら自転車のペダルをこぐひとときは、心地よくさえあった。

家ではすっかり無口になってしまったぽんただが、病院での点滴治療中だけは、相変わらず「うー」「あー」「シャー」と大声を上げて抗議する。

抗議はするが、拒絶はしない。院長先生は「怒る元気があるなら、大丈夫だね」と笑顔を見せる。すっかり猫の保定に慣れた新人の若い先生も「ぽんたちゃん、嫌なことをしてごめんね、でもおりこうだったね」と言ってぽんたをなでてくれる。

そうするうちに、ぽんたは、少しずつ元気を取り戻していった。ソファにのぼったり、台所まで移動して窓の下に座るようになり、七月の下旬には、一カ月ぶりに爪研ぎで爪を研いだ。

第5章　再び毛づくろいする日を夢見て

## 41　みるみる回復、運よく抗生剤が効いた

二〇一八年七月、ぽんたの病状が悪化してから一ヵ月ぶりに、ぽんたが爪研ぎで爪を研いだ。

動作はゆっくりで弱々しくはあったが、久しぶりに見せる猫らしい行為だった。

しかし喜んだのもつかのま、その足で猫トイレに向かったぽんたは、出たり入ったりを繰り返した。しばらく猫砂の上にしゃがんだと思えば立ち上がり、トイレから出て振り返り、不審そうに砂の上をじっと見る。そして「あーうー」と高い声で鳴いた。

膀胱炎だ、と私は察知した。腎臓病の猫は細菌感染による膀胱炎にかかりやすい。二年前の夏に、ぽんたも一度経験していた。

すぐに動物病院に連れて行くと、予想通りの診断だった。

注射で抗生物質を投薬してもらい、しばらくの間は毎日、細菌感染を抑えるための抗生剤を家で飲ませることになった。

抗生剤は、種類によっては腎臓に多少負担をかける場合があるという。

少し前、ぽんたの腎臓病悪化によるよだれや口臭を緩和するのに、抗生剤は効かないのかと、ツレアイが院長先生にたずねたことがある。その際、効果がある可能性は高いが、これらの症状を抑えるためだけの投与はすすめられない、ということを言われた。生命に直結する症状ではないから、ということだったのだろう。

しかし今回は膀胱炎だ。悪化して尿が出せなくなると危険で、それこそ命にかかわる。ぽんた自身もつらそうだ。薬の種類を選び、腎臓に影響を与えない薬用量での処方となった。

帰宅すると、私はさっそくぽんたに薬を飲ませた。

薬は、たちまち効いた。

その日の夜から、トイレへの出たり入ったりはなくなり、翌日は「ほなー」と鳴きながら、リビングを闊歩するようになった。

顔を器に突っ込むようにしながら、だるそうに飲んでいた水にも、体を起こして器に向かい、ぴちゃぴちゃと軽快な音を立てて舌を動かすようになった。

その翌日は、水を飲んだあと、ゆっくり前足で顔を洗い毛づくろいをした。

さらに翌朝、口の周りを拭こうとしてぽんたの顔を見ると、小ざっぱりとしていて驚いた。目やにや鼻水、よだれが止まったようだ。抗生剤が運よく、膀胱炎以外の症状にも効いたのだろう。

ぽんたと私たちにとって、まるで「魔法の薬」だった。

それからのぽんたは、しおれていた植物が水を吸って生き返るように、目に見えて回復した。ベランダに出たがるようになり、チェストにのぼっての、窓外のパトロールも復活した。背中を盛り上げてバリバリと爪を研ぐようになり、帰宅すると玄関に迎えに出てきて、足に体をこすりつけながら私のあとをついてまわった。

昼間はソファで一緒に昼寝をし、夜、ベッドに入ると添い寝をしてくる。

抗生剤を飲ませて二週間が経つころには、ぽんたに以前と同じような目の輝きと毛艶が戻った。「なー、なー」と、私たちに話しかけるような元気な鳴き声が、家の中に響くようになった。

違っているのは、体重がさらに減って三・三キロになり、明らかに見た目に痩せてしまったことと、相変わらず自分からはフードを食べようとしないことと、遊びに興味を示さないこと。

それでもよかった。

一度は覚悟をした「お別れ」が遠のいたのだ。私は、ぽんたの膀胱炎に感謝したい気持ちだった。


ぽんたが元気になったことでひとつだけ困ったことが発生した。リキッド状の療法食をシリンジで与える際、ぽんたが異議を唱えるようになったのだ。

ペースト状のフードを給餌していたときは、ぽんたの抵抗に耐えられず、すぐに諦めた。だが今回はそうはいかない。このリキッド状の療法食は、今のぽんたにとっては命綱なのだ。

なんとか、うまく飲んでくれる方法を考えることが、私の新たな課題となった。

## 42 療法食を嫌がられ落ち込むがあきらめない

クリーム色のリキッド状の療法食のことを、その色と形状から私は「ミルク」と呼んでいた。

このミルクに切り替えたとき、ぽんたの体調はかなり悪かった。そのせいか、素直に与えられるまま飲んでくれた。しかしその後、体調が回復し、自由に動き回れるようになると、抵抗するようになった。

ミルクを充填したシリンジを顔に近づけると「うー」とうなり出し、顔をぶんぶんと左右に振る。その頭を押さえ、口の端からミルクを注入すると、右前足でシリンジを振り払おうとする。

ぽんたの反撃を避けて、うまく口の中にミルクを垂らすことに成功する場合もある。しかし失敗すると、シリンジから勢いよく出た液体が、床や壁、ぽんたの体に飛び散る。この繰り返しだった。

一日の給餌量は、百ミリリットルを目標とした。実際は、その倍は与えないと必要なエネルギーは摂取できない。だが現実的に、液体二百ミリリットルを家で飲ませることは難しいため、可能な範囲でと決めた量だ。

容量十ミリリットルのシリンジ二本にミルクを充填し、それを一セットとし、一日五回与える。

この目標はなかなか達成できず、多い日で八十ミリリットル、少ないときは六十ミリリットルが限界だった。

ペースト状のフードに比べればずっと楽に与えることができるし、病人への流動食や、赤ちゃんへの授乳だと思えば「無理やりの行為」という罪悪感も薄い。それでも、反撃されると落ち込むし、自分を責めたくもなる。

動物病院では、相変わらず看護師さんにペースト状のフードを給餌してもらい、ぽんたは従順だった。それで私は、

「家でミルクを与えると怒って抵抗するのですが、どうすればよいのでしょうか」

と相談した。

彼女は、ぽんたが吐き戻すことはないかとたずねた。それはなく、ミルクを口に入れれば飲み込んでいることを伝えた。すると、

「それなら、頑張ってあげ続けるしかないですね！」

と明るく言った。

「私達も、病院に入院して食事がとれない動物たちには給餌をするんですよ。嫌がったり攻撃してくるワンちゃんやネコちゃんもいる。それでも、吐き戻すなど、からだが拒否するのでなければ、給餌を続けます。命をつなぎ、元気になってもらうために」

抵抗されると心は折れるけれど、やるしかないです、と笑う彼女を見て、気持ちが軽

くなった。

それに、ぽんたは怒るだけで、噛み付いたりはしない。ペースト状のフードを給餌していたときのように、威嚇してくることもないのだ。

そうしてインターネットで検索するうち、よさそうな給餌方法を見つけた。エリザベスカラーを、ぽんたの首に逆向きに装着して行うのだ。ラッパのように広がった襟の部分が胸の前で硬いエプロンをしたように固定され、前足の自由がきかなくなる。

病院で購入したエリザベスカラーをぽんたに装着。部屋の角に運び、壁にお尻を向けて座らせ、横にはマガジンラックを置く。こうすると三方が囲まれた状態になる。口にシリンジを近づけるとぽんたは「うー」となり、前足でシリンジを蹴落とそうとするが、カラーにブロックされて未遂に終わる。首を振ろうとしても、動きが制限されて不服そうだ。

しかしそのおかげで私は、強く頭を押えたり、狙いを定めるようにする必要もなく、落ち着いて口の端にシリンジを差し込み、ミルクの注入ができた。

状況が許さなくなるとぽんたは観念する性格らしい。再びおとなしくミルクを飲んでくれるようになったからだ。私の「授乳」のスキルも日々上達し、目標であった「一日百ミリリットル」が達成できる日も出てきた。

小さなオレンジ色の犬猫のイラストが、ぐるっと描かれたエリザベスカラーを装着させられたぽんた。その歩きにくそうな姿は、かわいそうというよりどこか滑稽で、笑ってしまう。

ミルクの時間が終わりカラーをはずすと、ぽんたはパタパタと窓辺に走っていく。せいせいした、という様子で体をなめたり、見晴台にのぼって外をながめる。

高齢の猫だが、流動食だけで何年も元気に過ごしている例もあると、病院の院長先生はいつか話してくれた。

ぽんたも、そんなふうにして、一日でも長く一緒にいてくれればと、私は願った。

## *43* 家猫になって三年、はじめての脱走

ぽんたが慢性腎臓病と診断されて二年と六カ月が過ぎた。

私が「ミルク」と呼ぶ、シリンジで与えるリキッド状の療法食を、毎日一定量を飲めるようになったためか、動物病院で久しぶりに血液検査を行うと腎臓の数値はわずかに改善されていた。

といっても、前回、計測不能だったところから数字が出てきたというだけで、数値が高いことには変わりがない。体重は三・三キロに減ったままだった。

ぽんたの体調は安定していた。家の中ではよく動き回り、じゃらし棒を振ると、ときどき遊ぶようにもなった。天気のよい日はベランダに出たがり、ひだまりで毛づくろいをしたり、昼寝をする日も多くなった。

足元がふらつき、ぐったりしていた二カ月前に比べると、信じられない光景だ。数値や体重が気にならないといえば嘘になる。だが、器械がはじき出した数字よりも、目の前のぽんたが満足そうに暮らしているかどうかが重要なことに、私は気がつき始めていた。

残暑がまだ厳しい、九月上旬のある日のことだった。

仕事帰りの夕方、最寄りの駅に着いた私は、帰りがけに何か買い物をする必要があるかどうかをたずねるため、自宅にいるツレアイに電話をした。すると、

「ぽんたが外に出ちゃって、いまバタバタしているから」

という声に続いて、電話は切れた。

私は一目散で自宅マンションに向かった。

マンションの隣にある空き家の前にツレアイがいた。空き家は石段の上にあり、ツレアイは門扉から首をのばし、裏庭をのぞきこんでいた。

下から声をかけると「上がってこなくていい」とツレアイは言う。

聞けばツレアイは、ベランダに面した部屋の窓を開けたまま、台所でコーヒーをいれていた。今のぽんたに、まさか外に出るまでの元気はないだろうと油断していた。部屋に戻ると、ぽんたの姿が見えない。探し回っていると、ベランダの壁を越えて隣の塀の上に座り、こっちを見ているぽんたと目が合った。あっと思ったと同時に、ぽんたはスタスタと隣の空き家の塀を伝い、裏庭へ降りてしまった。

ツレアイは、慌ててマンションを出て、隣の空き家の玄関に回った。門扉ごしに裏庭を見ると、ぽんたが隅にうずくまっていた。

空き家の庭は草が生え放題だった。門扉には鍵はかかっておらず、中に入れば、ぽんたを捕まえられそうだが、誰かに見られたら不審者と間違われるかもしれない。躊躇しているところへ私が帰ってきたのだった。

あれだけ私が「ベランダの窓を開けるときは慎重に」と言っていたのに、と苦々しく思った。とにかく早く捕まえないと、ぽんたが手の届かないところへ逃げてしまうかもしれない。焦っていると、「どうしたの」と、向かい家の、顔見知りの奥さんがちょうど出てきて声をかけてくれた。

家の猫が脱走し、この家の裏庭に入ってしまったことを伝えると、

「大丈夫よ、空き家だし、誰かが通りかかったら私が説明してあげるから」

その言葉に安心し、ツレアイは門扉を開けて敷地内に入った。祈るような気持ちで階段を見上げながら待っていると、「なー」という鳴き声とともに、ダランと両足を垂らした状態でツレアイに抱えられたぽんたが現れた。

裏庭でツレアイが近づくと、ぽんたはくるりと向きを変え、塀に飛び上がる姿勢をとったので、急いで背中から両手で体をつかんだそうだ。ぽんたは「うー」とうなりながら足をバタつかせ、多少抵抗したものの、嚙み付いたりすることはなく、すぐに落ち着いたという。

階段を降りてくるぽんたは、「楽しくやっていたのに、外に出ちゃダメなんだってさ」とでも言いたそうな、いたずらっこのような表情をしていた。

野良猫だったところを保護して三年近く、これまで一度も家から出ようとしたことのなかったぽんたが、なぜ、今になって脱走を試みたのだろうか。

「ミルクを強制的に飲ませられるのが嫌になったんじゃないの」と、自分の不注意を棚に上げて言うツレアイ。

動物病院の院長先生に話すと、「体重が減って身軽になったから、ちょっと散歩にでも出てみようかな、という出来心では」という見解。

その真偽はぽんたにしかわからない。しかし、逃げ出すほど元気があるということは、喜ばしいことだった。もちろん、無事に家に戻ったから言えることだが。

## *44* 深夜に起き出し「侵入者」と向き合う

ぽんたが初の脱走騒ぎを起こした頃、ぽんたの体調は安定していた。そのため動物病院での点滴治療は、週一～二回に減らしていた。

見た目は元気そうでも数値は高いし、もっと頻繁に通院したほうがよいのかもしれない。難しいなら、自宅で皮下点滴を行う選択肢もあることは知っていた。

でも、私はそれをするつもりはなかった。

インターネット上には「慣れれば簡単にできる」と書いてある。でも、ぽんたに注射針を刺すのは怖い。病院での点滴中、相変わらず診察台の上で「抗議」を表明するぽんたを見ていると、とても素人の私にやれる自信はなかった。

それに自宅では朝晩の投薬と、一日五回、リキッド状の療法食、「ミルク」の給餌を行っている。ぽんたは素直に従ってくれているが、歓迎しているはずはない。皮下点滴が加われば、さらにストレスは増すだろう。

これ以上、ぽんたに負担をかけたくなかった。かけることで、嫌われたくはなかった。

猫というのは、飽きずに窓外をながめる生き物だなあと思う。

私の自宅はマンションの二階だが、見晴らしがよいとはいえない。南側には大きな一軒家が建ち、リビングの窓から見えるのは、大部分が隣家の壁だ。地形の関係で目線が一階と同じ高さになり、隣家の庭の花や樹木が借景として楽しめるところはよい。しかし裏側なので華やかさには欠けるし、開放感はなく、変化も乏しい。

それでもぽんたは、毎日飽きずに外を見ている。木の葉が風に揺れたり、電線や軒先からスズメが羽ばたくと、ピクッと耳を動かし、顔を上げる。

猫が窓外を眺める一番の理由は、縄張りの監視だそうだ。外との接点である窓は自分の縄張りとの境界線で、不審な侵入者が入ってこないかを見張っているという。窓から見える景色も、縄張りの一部らしい。

隣家との間を仕切る塀の上は野良猫たちの通り道でもあった。決まった猫が毎日、何匹か行き来している。

この猫たちが目に入ると、ぽんたは大騒ぎだ。窓に顔をくっつけるようにしながら「あっちへ行け」とばかり「あー、うー、ぐぅー」とわめく。

この場合、騒いでいるのはいつもぽんたで、相手の猫は無表情でぽんたの顔を見ているだけ。「家猫なんて眼中にない」という様子でそっぽを向いて立ち去るか、ときには、隣家の裏庭の土を掻き、ぽんたの目の前で平然と用を足したりする。

「あんたは病気なんだし、そんなに騒いだら体力消耗しちゃうでしょ。こっちは安全な家の中にいて、生活が侵されることはないんだし、悠然と構えてないと」

と私は、相手にされていないぽんたがなんだが不憫で、そう諭す。

野良猫の中に、からだ全体が白く、ところどころに黒い模様のある猫がいた。顔が小さく、後ろ姿から判断したところメスらしい。マンションの隣人宅でご飯をもらっている様子で、隣のベランダの壁にのぼって日向ぼっこをする姿をときどき見かける。この猫を、私とツレアイは「ミー」と呼んでいた。

ミーが通ったときだけは、ぽんたは威嚇はしない。「なー」とか「あー」とか声を発するが、何か用があって呼びかけているような鳴き方だ。「遊ぼう」と言っているようにも聞こえるが、人間の勝手な解釈だろう。

残暑もやわらいできた、九月のある夜のこと。その日は仕事が立て込んでおり、深夜まで机に向かったあと、一眠りしようとベッドに入った。まどろんでいると、隣で寝ていたぽんたが立ち上がり、ベッドから降りて窓辺に向かう気配を感じた。

起き上がって見ると、ストッパーをかけた網戸の向こうにミーがいた。隣家との間を仕切る塀から部屋のベランダの壁に飛び移り、侵入してきたのだ。

ぽんたとミーは、網戸ごしに黙って向き合い、座っている。

暗闇に浮き上がる真夜中の侵入者にギョッとしたが、ミーを追い払う気にはなれなかった。木がざわざわとそよぎ、涼しい夜風が室内に入ってくる。

しばらくして私に気がついたミーは、踵を返し、闇へと消えていった。

ぽんたの具合が再び悪くなったのは、そんなことがあってから約一週間後、慢性腎臓病と診断されてから二年と七カ月が過ぎ、秋の気配が感じられる頃だった。

## 45 療法食を受けつけなくなり、体重は三キロをきった

二〇一八年十月、持ち直していたぽんたの病状が再び悪化した。リビングに出てくることが減り、私の部屋で過ごす時間が増えた。ときには、クローゼットに潜ったままのこともあった。

点滴治療のために動物病院に連れて行くと、体重が百グラム減っていた。これは人間に換算すると約一キロ減にあたる。数日後に量ると、また少し減っていた。リキッド状の療法食「ミルク」は一日百ミリリットル、一回二十ミリリットルを目安に五回に分けて与えていた。この量でこれまで体重が維持できていたのに、ここへきてなぜ減るのだろう。

確かに、私が長時間外出していたり、夜遅くに帰宅して疲れた日は、五回飲ませられないこともあった。

体重の減少は気にしないつもりだった。しかし、ぽんたの元気がないと、やはり冷静ではいられない。

私は、毎日百ミリリットルをなにがなんでも完飲させようと決めた。ぽんたが気がすまない様子でも、多少暴れようとも、時間になると部屋の隅に運び、首にエリザベスカラーを装着し、頭を押さえ、口の端にミルクを充塡したシリンジを差し込んだ。

それでも体重は減っていく。焦りにも似た気持ちを抱え、「うー」とうなり首を振るぽんたにミルクを飲ませようとする私に、見かねたようにツレアイが言った。

「もうやめなよ、ぽんた、飲んでないよ」

我に返ってぽんたを見た。口の周囲はミルクでべたべたしており、体もところどころ、ミルクの染みで薄汚れていた。あたりの床と壁には、クリーム色の飛沫が派手に付着していた。

これまで、エリザベスカラーを着ければ素直にミルクを飲んでくれたぽんただが、最近はそうではなかった。口をかたく閉じて抵抗することが多くなっていた。

無理にこじ開けてミルクを口の中に垂らすことはできたが、ゴクンと飲み込んではくれない。結局ミルクは口の端から溢れ、私はそれをティッシュでふき取り、また次のミルクを注入する。ぽんたが飲み込むまで、これを繰り返すうち、シリンジは空になった。

毎回、空になったシリンジを見て、ぽんたはミルクを飲んでいる、そう思い込んでいた。というより、思い込もうとしていた。

ぽんたは、ミルクが飲みたくない。体が、ミルクを受けつけない。
その事実を認めたくなかった。ミルクは、ぽんたの命綱だ。
飲めなくなったら、覚悟をしなければならない。
私はシリンジを床に置き、幼児のように大声で泣いた。

ぽんたの腎臓の数値は再び計測不可能な値まで上昇した。一日おきに通院し、皮下点滴を行うようになった。点滴をすると少し元気を取り戻すようだったが、機嫌よさそうに尻尾を立ててリビングを歩き回ることはない。猫用の見晴台やチェストに飛びのって外を見ることも減り、床や、ソファの上でじっとしていることが増えた。

ミルクは、ぽんたが飲み込める量を、様子を見ながら少量ずつ与える程度に留めた。
体重はさらに減り、三キロをきった。

猫ベッドの中や、防水シーツを敷いた私のベッドにときどき粗相をするようにもなった。トイレできばっても、自分で排便ができずに、病院で先生に出してもらうこともあった。

それでも、体調のよさそうな日はベランダに出たがり、出してやると足をチョロチョロとなめ、少し顔を前足で洗うと、丸くなって日向ぼっこをする。

この頃、仕事で知り合い、意気投合した女性が、小学生の娘Rちゃんを連れて遊びにくることが決まった。

Rちゃんは猫が大好きだが喘息があり、現在、家で飼うことはできない。これまで、まともに猫にさわった経験もなかったが、最近は症状も軽くなったため長時間でなければ猫と過ごせるようになった。それで、ぽんたに会いたがっているのだそうだ。

ぽんたは病気で、健康な猫のように一緒に遊んだりはできない。そのことは伝えていた。それでも「ぽんたが寝ているだけでもいい。お見舞いに行きたい」と楽しみにしているという。

Rちゃんが来るのは、一カ月後だ。

「小学生の女の子がお見舞いに来てくれるよ。若い子になでてもらえれば元気になるかもね。それまで、がんばろう」

そう声をかけながら、私は骨ばったぽんたの背中をなでた。

# 第6章　空を見るのが好きだったぽんた

## 46　末期を迎えても穏やかに旅立てるようにしてやりたい

ぽんたが慢性腎臓病と診断され、「余命二年」と宣告されたとき、私はすぐに本屋へ行き、老猫との暮らし方についての本を買った。猫の看取りにふれている本だった。

それまでの私は、「はじめての猫の飼い方」といった飼育本を事あるごとに頼りにしていた。そうしてぽんたとの暮らしに慣れ、この日常がずっと続くのだろうと思っていた矢先に、「終わり」があることをつきつけられた。この先、どこに気持ちを向けていったらよいかわからず、道標となるものが欲しかった。

本には、介護や看取りについての実践的な事柄以外に、いずれ別れの日が来ることを常に頭に入れておくことや、病気の宣告を受けた場合に何をすべきか、どのように最期を迎えたいのかを家族で話し合っておく必要性などが書かれていた。

腎臓病は完治は望めない。だが、ゆっくりと進行していく病気だからこそ、「その日」に向けての覚悟や心構えを整理する時間が持てる。治療も含めて、ぽんたに何をしてあげられるか、自分がどうしたいのかを考えることができる。

それがわかり、私の心は少し落ち着いた。この本は座右の書となった。

慢性腎臓病と診断されて二年と八カ月目に入り、一時は持ち直したぽんたの病状が、療法食「ミルク」を受けつけられないほど悪化した頃、久しぶりにこの本を開いた。

暗記するほど読んだ文章を目で追いながら私は思った。今、ぽんたにしてやれることは、残りの猫生に寄り添うことだけなのだろうと。


秋が深まると同時に、ぽんたの病状は、ゆっくりと進んでいった。

二〜三日に一回、動物病院へ連れては行ったが、皮下点滴をしても目に見えて回復することはなかった。体重は二・八キロになり、体温も下がってきていた。

リビングに出てくることはほとんどなくなり、出てきても足取りに元気はなく、ソファに座っていても私の膝にのっていても、どこかしんどそうだった。

チェストの下に行って窓を見上げることはあったが、飛びのることはなくなった。

尿毒症が進み、鼻水や口のまわりのよだれが目立つようになった。ミルクの飲み方も芳しくなくなり、シリンジを顔に近づけた途端に「シャー」と威嚇されたのを機に、給餌は諦めることにした。

薬を飲み込むのもつらそうなので、朝晩二回の投薬を、一日一回、血圧を下げる薬のみに減らした。

洗面所にあるタオルの棚がぽんたのお気に入りの場所となった。朝も昼も夜も、ここでじっとしている時間が増え、トイレと、水を飲みに行くときしか離れなくなった。

ここは棚の一番下の段で、使わなくなったバスマットが重ねてあり、この上にぽんたは座っていた。やわらかくて居心地がよいのだろう。私は、棚を整理してぽんたがくつろげるようにスペースをつくり、マットの上にはペットシーツを敷いた。

ぽんたは猫トイレまで歩いて行くのも億劫な様子で、失禁の回数は増えていた。また水を飲みに行っても口をつけず、顔を水に浸すようにしたままじっとする姿をしばしば目にした。

十一月の初旬、ぽんたに軽いひきつけのような症状が出た。病院に連れて行くと体温は三十五度台で、使い終わった点滴パックを再利用した湯たんぽが支給された。帰宅し、電子レンジで温めてタオルで巻き、ぽんたの体にあてる。お気に入りの棚がある洗面所はそろそろ冷えるようになっていたので、ありがたかった。

この夜は久しぶりにぽんたが私のベッドまでやって来て、顔の近くに丸くなって寝た。

その翌朝、痙攣をおこした。

病院に運ぶと、体温は三十四度台だった。脱水もひどく、意識も朦朧としているようだ。皮下点滴の最中も、うーともあーとも声を立てない。

「先生、あと、どのぐらいでしょうか」

私はたずねた。

「今週末までがんばれるかどうか……ですね」

この日は火曜日だった。申し訳なさそうな先生の顔を見て、涙がこみあげた。今後についてたずねると、点滴をしても元気が戻らないようなら、通院はせずに家でゆっくりしたほうがいい、との答えだった。

すっと肩の力が抜けていくのを感じた。私にできるのは、ぽんたが穏やかに旅立てるようにしてやること、あとはそれだけだ。

「えらかった、ぽんた、よくがんばったね、おうちで休もう」

声をかけながら、ツレアイと私はかわるがわるぽんたをなでた。

*47*

## 最期まで、できるだけそばにいようと決めた

慢性腎臓病と診断されて二年と九カ月目、痙攣を起こし、末期の状態となったぽんたは、残された時間は家で過ごすことになった。

「でも往診して、皮下点滴をすることはできますよ」

と先生は言った。

「体が受けつけるなら、最期まで点滴で水分を補ったほうが、ぽんちゃんも楽になりますから」

点滴によって脱水が改善され、体に溜まった老廃物や毒素が尿とともに排出されれば、しんどさは減る。また、毒素が脳にまわって激しい痙攣が起こり、苦しむリスクも減らせるという。

聞くと往診は、「がんばった子」への特別な対応だという。

往診を受ける猫など、作家のエッセイや小説の中でしか知らなかった私は、ぽんたが特別な猫になったような気がしてちょっとうれしくなった。「ぽんた、野良だったのに、

大出世だね」と話しかけた。

家に着いてキャリーバッグを玄関に置き、扉を開けると、ぽんたはのろのろと這い出てきて、その場にぺたんと倒れこむように寝そべった。

「疲れたね、ベッドで休もうね。もう病院へは行かないよ」

防水シーツを敷いた私のベッドの上にさらにペットシーツを敷き、その上にぽんたを寝かせた。湯たんぽをあて、ぽんた用の小さな掛け布団をかけた。

今日を含めて週末までの四日間、外出の予定はほとんど入っていない。私はできるだけぽんたのそばにいようと決め、自室でパソコンに向かった。

ぽんたは、数時間するとペットシーツの上に大量に排尿した。ああ、まだ腎臓はちゃんと働いている、と安堵した。

夜、そっと布団に入ると、ぽんたがゆっくりと脇に寄り添ってきた。私はぽんたをなで、「おやすみ、また明日ね」と声をかけた。

その翌日、私は一日家にいて、ほとんどの時間をぽんたが寝ている部屋で過ごした。

午後、仕事に疲れてうたたねをしていると、廊下でバタン！　と大きな音がした。慌てて出て行くと、ぽんたが猫トイレの脇で足を投げ出す姿勢で横たわっており、トイレの枠がずれていた。どうやら、自力でトイレに入ろうとしたところで力つき、そのまま床にずり落ちたようだ。

私はぽんたを抱え上げ「トイレなんて行かなくていいよ、ベッドの上ですればいいんだから」と言い、部屋に運んだ。

夕方、台所でお茶をいれていると、ツレアイの「ぽんた、どうしたの?」という大きな声がした。

廊下に出てみると、ぽんたは、ツレアイの部屋の入り口に立っていた。おぼつかない足取りで部屋に入ると、以前、好きでよくのぼっていた窓のほうを眺めた。しばらくすると気がすんだらしく、体の向きを変えようとしたところでよろけた。私はぽんたを抱え上げ、自分の部屋に連れて行った。

ぽんたがツレアイの部屋に入るのは、何週間ぶりかのことだった。

その日の夜、皮下点滴セットを持った院長先生が往診に来た。ベッドの上で点滴をしてもらっている間、ぽんたは、低く「うー」と唸り続けた。「抗議ができるなら、まだ元気があるね」と先生は言い、私たちは笑った。

その後、リビングでコーヒーをいれ、たわいもない雑談をした。先生は、帰りがけにもぽんたのいる部屋をのぞき、頭をなで、「明日の昼ごろにまた来るね」と言った。

翌日の午前中、私は仕事の打ち合わせのために外出をした。ツレアイは家にいるし、往診も受けられる。少し安心し、打ち合わせのあと、仕事相手と遅めの昼食をとろうと店に入った。

着席したとたん、携帯に着信があった。

「何してるの？　早く帰ってきたほうがいいよ」

電話口でツレアイは声を荒げた。

「往診は終わったけど、ぽんたの息が粗くなってきている」

動揺し、仕事相手に事情を説明すると「私のことは気にしないで、早く行ってあげて」と背中を押してくれた。私は謝り、店を出て駅までの道を急いだ。

自宅の最寄り駅までは地下鉄で約四十分かかる。普段利用している路線なのに、途中駅に停車しドアが開閉する時間が、これほど長く感じられたことはなかった。

最寄り駅に着き、エスカレーターを駆け上がり改札を出る。「もし、ぽんたが」という不安を抑え込むように「大丈夫、ぽんたは大丈夫」と自分に言い聞かせ、家までの道を走った。

## *48* 余命数日、私の隣でゆっくりと息をひきとった

玄関を開け、部屋に入ると、ぽんたは、朝出かけたときと同じように、私のベッドで横たわっていた。小さな掛け布団がゆっくり上下しているのを見て、私は胸をなでおろした。

確かに呼吸は少し浅い。でも、今にも息絶えてしまいそうな状態ではなかった。ツレアイは少しおおげさに言ったのだろう。それでも、外出先でランチなどしないで帰ってきてよかったと思った。

今日も私の留守中、院長先生が往診に来てくれた。昨日と同様、皮下点滴をしてもらったが、ぽんたは抵抗したり、うなったりすることもなく、先生にちらっと視線を送っただけで、されるがままだったとツレアイは言った。

ぽんたの頭をなでながら、顔をのぞきこんだ。声をかけると目を開けて、ちょっと頭を動かしたが、起き上がる元気はないようだった。

そのあと、私はほとんどの時間をぽんたのいる部屋で過ごし、仕事をした。目を離し

ている間に何かあったらと気が気ではなく、食事も簡単にすませた。

夜になると、ときどき、短いしゃっくりのような動作をするようになった。目は開いたまま、一方向を向いて動かない。呼びかけても反応しない。

私は、十五年前、入院中に亡くなった父親のことを思い出した。がんの末期で、主治医から「あと一週間」と告げられ、数日間は家族と普通に会話もできたのに、急に容態が変わり、昏睡状態に陥った。今のぽんたは、そのときと様子が似ていた。

今晩は、眠るわけにはいかない。

私は、ノートパソコンを抱えてベッドに上がり、ぽんたの横に座った。ぽんたの顔をのぞきこんだり、なでたり、話しかけ、その合間にパソコンに向かい時を過ごした。

午前三時をまわったころ、睡魔に勝てなくなり、服を着たまま、ぽんたの隣で仮眠のつもりで横になった。

うとうとしていると、ぽんたの呼吸が荒くなった音で目が覚めた。

ぽんたは、例のしゃっくりのような動作を繰り返す。頻度が高くなり、からだが上下に揺れる。ぼんやりとした頭に、亡くなる直前の父親の姿が浮かんだ。

私は、「ぽんた、ぽんた」と大声で呼びながら、体をさすった。

ほんの、数秒の間だった。

すうっと、ゆっくり消えるように動きが止まり、静かになった。

二〇一八年十一月十六日、午前五時十三分のことだった。

「ぽんた、亡くなったよ」

私は、別の部屋で寝ているツレアイに声をかけた。いつもは呼んでもなかなか布団から出ないツレアイが、がばっと起き上がった。

たった今、息を引き取ったばかりのぽんたを見ると、「ぽんた……」と言って背中をなで、涙をこぼした。

「全然、苦しまなかったよ」と口にしたとたん、私は胸が詰まり、涙があふれて止まらなくなった。

「毛艶もいいし、体もふっくらして、穏やかな顔をしてる。ちゃんと病院に通って、最期まで点滴をしてもらったからかな」

とツレアイは安心したように言った。

ツレアイは子どもの頃に、家にいついた猫を病気で亡くしていた。半世紀近くも前のことで、当時、田舎では猫を病院に連れていくことは一般的ではなく、その猫は見た目にもひどくかわいそうな様子で旅立ったという。そのことが忘れられず、二度と猫の看取りはしたくないと、最初、ぽんたの保護に反対したのだ。

私は、ぽんたの体をすみずみまで濡れタオルできれいに拭き、ブラシで毛並みを整えた。そしてツレアイと二人でぽんたを抱え、頭と足の向きを丸くなって眠っているような格好に整えて、ぽんたが気に入っていた猫用ベッドに寝かせた。

これから葬儀で見送るまでの数日間、ぽんたの体が傷まないように、保冷する必要がある。

家には、十分な保冷剤がなかった。まだドラッグストアが開く時間ではないし、コンビニに行けば、ブロック氷か何かあるだろうと思い、外に出た。

遠くの空が白みはじめていた。天を仰いで深呼吸をすると白い息が立ちのぼり、晩秋の冷えた空気に溶けた。

## *49* ひつぎを花で埋めて最後の別れをした

ぽんたが亡くなったらまず何をするべきか。それについて私は、余命があと数日と知らされたときから、インターネットや本で調べていた。

書かれていたとおりにぽんたの体を清め、丸くなって寝ている姿に形を整え、猫ベッドに寝かせた。コンビニで買ってきた板氷と保冷剤をタオルに包んで入れ、ぽんたの体が傷まないように保冷をした。

猫ベッドは、リビングのチェストの上に安置した。ぽんたが毎日のぼって、窓外のパトロールをしていた場所だ。花を飾り、好きだったじゃらし棒と、ぽんたの抜け毛で作った毛玉ボールもベッドの中に置いた。

やわらかな陽射しに包まれているぽんたは、話しかければ今にも顔を上げ、「ほなー」と機嫌よく鳴きそうだ。

葬儀は、動物病院で紹介されたペット専用の霊園に頼むことにした。一匹ずつ火葬してもらえて、お骨上げもできる立ち会いの個別葬を選んだ。

葬儀は三日後に決まった。ぽんたが、この家にいられるのも、あとわずかだ。

夕方、報告とお礼を言うために動物病院へ行った。

ぽんたが亡くなったことは、電話で伝えてあった。ドアを開けると、いつもは「こんにちは！」と元気に挨拶してくれる受付の看護師さんが、この日は私の顔を見るなり目を伏せ、頭を下げた。

待合室のソファに座り、診察室に呼ばれるのをツレアイと二人で待つ。

この日も、待合室は診察を待つ犬や猫たちでにぎわっていた。その様子をぼんやりと目で追っていると、ぽんたと通院していたときによく耳にしていたBGMの曲が流れてきた。

診てもらう動物もいないのに、動物病院の待合室にいるのはつらい。

診察室に通され、院長先生に亡くなったときの様子を話し、これまでのお礼を述べた。「これからしばらく、寂しくなりますね……」という言葉を聞いたとたんに胸が詰まり、挨拶もそこそこに部屋をあとにした。

病院を出て、通りを渡ったところで振り返った。玄関まで見送ってくれた先生が深々と頭を下げている姿が目に入り、視界がかすんだ。


葬儀の日の朝は、雲ひとつない青空が広がっていた。

ツレアイの運転する車にぽんたをのせて、予約していたペット霊園へ向かった。

ぽんたをスタッフにあずけてしばらく待つ。呼ばれて部屋に入ると、キャンドルが灯され、私たちが持参した花とぽんたの写真が飾られた祭壇の中央に、バスケットのひつぎに入ったぽんたがいた。

ぽんたの前足に、用意された小さな数珠をはめる。周囲にはハガキサイズの「ぽんたカレンダー」をさし込んだ。ツレアイが毎月、ぽんたの写真で作成していたものだ。裏には、友人や知人から届いた、ぽんた宛のお悔やみのメッセージを、ペンで書き写しておいた。

ぽんたのひつぎを花で埋め、祭壇の前で手を合わせた。「最後のお別れを」と言ってスタッフが席をはずしたので、ツレアイと二人、思う存分ぽんたに話しかけ、泣いた。

火葬炉に送られるときは、炉の扉が閉まる瞬間まで名前を呼び続けた。

一時間後、ぽんたは骨になって戻ってきた。

ぽんたのしっぽは「幸福を呼ぶカギしっぽ」だったが、小さな骨もちゃんとカギの形をしていた。

それから三日後の祝日に、友人と小学生の娘Rちゃんが家に遊びにきた。彼女たちが来ることは、二カ月前から決まっていた。

猫が大好きだが、まだまともに猫にさわったことがないというRちゃんは、ぽんたに会えるのを楽しみにしていた。ぽんたの病気が進み、一緒に遊べる元気はないことは伝えてあったが、「お見舞いに行きたい」と言ってくれていた。

願いが叶わなかったRちゃんは、自分とぽんたの似顔絵を描いたメッセージ入りのカードと、毛糸で編んだ小さな白いマフラーを持ってきた。マフラーは、「ぽんたが天国で寒くないように」という、かわいらしい配慮だった。

私は手料理をふるまい、ぽんたの写真や動画を見せて、思い出話をした。

まだ廊下に置いたままになっている猫トイレを見た友人は、「ぽんたちゃんが今にも出てきそう」と言って涙ぐんだ。

チェストの上で写真立てに収まり、友人や知人が贈ってくれた花に囲まれているぽんたをながめる。今日は、仏事でいうところの初七日かもしれない。

ぽんたは、虹の橋のたもとに着いた頃だろうか。

私は、ぽんたの好きだった窓から空を見た。

*50*

## 看取ってからひと月、寂しさの中で芽生えた希望

ぽんたが亡くなって一カ月が過ぎ、年の瀬を迎えた。

私が、野良生活を送っていたぽんたを保護し、一緒に暮らした期間は三年にも満たな

い。子猫時代から老猫になるまで世話をした人に比べれば、思い出が多いわけではない。また引き取って四ヵ月目に慢性腎臓病が発覚し、余命二年と宣告された。事故などによる急死ではないから、別れの日がくる覚悟はある程度はできていた。

ぽんたには、できるかぎりの治療や介護はした。最期も穏やかだったし、後悔はない。それでも、寂しいのだ。

朝起きると、ぽんたの姿を無意識にさがしてしまう。部屋のドアをすべて半開きにする癖は抜けないし、部屋の隅に置いてある黒いバッグが視界に入ると、「あ、ぽんた」と錯覚してしまう。

朝晩、ぽんたに投薬していた時間が迫るとそわそわする。ああ、もう薬は必要なかった、と気がつき、力が抜ける。

ぽんたが好きでのぼっていたチェストや見晴台を見て、空間がある不自然さに涙がこぼれる。

十五年前に父親が亡くなったときの寂しさとは種類が違う。あのときは、死に対する悲しみが癒えると、寂しさはすぐに思い出に昇華した。それは、父が寿命といわれる年齢であったことに加え、私が実家を出てから十年以上も経ち、生活を共にしていなかったからだと思う。

一緒に暮らしていた生き物が日常生活から姿を消す。それが、たとえものを言わない小さな存在だとしても、場合によっては親の死よりつらいことを、私は知った。

この空虚感は、新しく猫を迎えれば埋まるのだろうか。こう考えるのは不謹慎だと思っていたのだが、そうともいえないようだ。

私が愛読していた、老猫との暮らしや看取りについて書かれている本では、「新しい猫を飼ったら、亡くなった猫が悲しむ」ではなく、「新しい猫を幸せにすることで、亡くなった猫が喜ぶ」という考え方を提案していた。

「猫と暮らし、看取った人は、猫を幸せにする力を持っている。その力を、自分の仲間である新たな猫に注ぐことに、亡くなった猫は異議を唱えないはずだ。天国にいる猫は、飼い主が猫とともに幸せになることを望んでいる」というような内容だった。

しかしツレアイは「ぽんたみたいに性格が穏やかで聞き分けがよく、あんなにいい猫はほかにはいない。この家の猫は、ぽんただけで十分」と言う。

私は、「また猫と暮らしたい」という気持ちが自分の中に芽生えていることに気がついていた。本に出ていた「考え方」がその芽の成長を後押ししようとしていた。

ただそれは、今すぐ叶えるべき望みではない。

今、私が猫を引き取りたいと行動を起こした場合、探すのは白黒ハチワレ猫だろう。

年齢や性格に関しても、ぽんたと似たところのある猫を間違いなく見つけようとする。面影を追って猫を迎え入れることは、猫にとっても、私にとってもいいことではない。だから、「ご縁があれば」と考えるようにした。

いつかまた、ぽんたと出会ったときのように、自然に導かれて猫に出会うだろう。ぽんたとは違う個性を持った、うちに迎えるにふさわしい猫が現れる。

私は、ぽんたが使っていた猫トイレやキャリーバッグ、食器をきれいに洗い、消毒し、納戸にしまった。

これらを、また使う日がきっとくる。そう思うことが、寂しさを埋める希望になった。

年が明け、ぽんたが亡くなって二カ月が経った。

私は、久しぶりにぽんたを保護した近所のアパート前の道を通った。目の前は広々とした砂利敷きの駐車場で、昼間は駐車している車も少なく、ほぼ空き地と化していた。ぼんやりと佇んでいると、足元に気配を感じた。茶白猫の「にゃーにゃ」だった。にゃーにゃは、ぽんたの野良仲間で、ぽんたより前に知りあった猫だ。ぽんた同様、元飼い猫らしく、人に慣れているため、近隣の人々にかわいがられていた。

私は、しゃがみこみ、久しぶりににゃーにゃをなでた。

ぽんたが家にいたときは、野良猫との接触を控えていた。不用意になでて、寄生虫や菌などを衣服につけて持ち帰り、ぽんたにうつしては一大事、と考えていたからだ。また、外で猫をかわいがると浮気をしているような、うしろめたい気にもなるからだった。

にゃーにゃーにゃはうれしいらしく、喉を鳴らしてひざにまとわりつく。

久しぶりになでる猫は温かかった。毛の感触とともに伝わってくる体温が、私の中で眠っていた何かを揺り起こした。

# おわりに

本書は、朝日新聞社運営の犬猫ウェブサイト〈ｓｉｐｐｏ（シッポ）〉に二〇一八年五月から二年間にわたって掲載した「猫はニャーとは鳴かない」を改題し、加筆修正したものです。

二〇一八年三月、仕事の打ち合わせで朝日新聞社を訪れた際、担当の女性が、たまたま近くにいらっしゃった〈ｓｉｐｐｏ〉の編集長、山田裕紀さんをご紹介くださいました。「宮脇さんは、保護猫と暮らしているんですよ」と女性が言ってくださったのを機に、野良猫だったぽんたを保護して飼うことになった経緯を夢中でしゃべりました。当時、私のまわりには猫の話題を共有できる知り合いは少なく、誰かに話を聞いてもらえることがうれしくてしかたありませんでした。

すると山田さんは「その話を、うちで書きませんか」と言ってくださいました。出会いのきっかけや、保護の経緯などを順を追って書いてみてはと、ご提案いただきました。

飛び上がるほどうれしかったのですが、ひとつ懸念がありました。ぽんたが、いつまで頑張ってくれるのか、ということでした。

当時、ぽんたは慢性腎臓病と診断されて二年が過ぎたところでした。余命と告げられた期限を超えたばかりで、元気ではありましたが、少しずつ、ゆっくりと腎臓の数値は悪化していました。

連載を始めたはいいけれど、いつまで続けられるだろうか。もしぽんたが途中で亡くなってしまったらどうしよう、どこで連載を終わりにしようか。

でも、これらは杞憂に終わりました。

ぽんたとの出会いや、はじめての猫との暮らしについては、書くことがいくらでもありました。連載を始めて半年後にぽんたは亡くなりましたが、ウェブ上のぽんたは家に迎えてまだ二週間しか経っておらず、食欲も旺盛で丸々と太っていました。

ぽんたはいなくなってしまったけれど、これからまだまだ、ぽんたの思い出を綴っていける。液晶画面の向こうに、話の続きを心待ちにしてくれる人々がいる。

私が、深刻なペットロスに陥ることなく過ごすことができたのは、「書く」という行為と、読者の存在があったからでした。

本書の出版までには、多くの方にお世話になりました。

連載のきっかけを与えてくださった、元〈ｓｉｐｐｏ〉編集長の山田裕紀さん。最初の担当編集者として、執筆を続ける自信を与えてくださった児林もとみさん。これを引き継ぎ、毎回心温まる感想で勇気づけ、最終回まで伴走してくださった、現編集長の磯崎こず恵さん。

書籍化にあたっては、河出書房新社の編集者、西口徹さんのご尽力なくしては叶いませんでした。作家の酒井順子さんは、素敵な帯文をお寄せくださいました。ブックデザイナーの市川衣梨さんは、生き生きとしたぽんたを装丁で表現してくださいました。

また、いつも適切で温かい治療を施し、ぽんたに寄り添ってくださった東京・練馬区の「こもれび動物病院」の院長先生とスタッフの皆さん。闘病中、常に前向きな気持ちでいられたのは、信頼できる病院があったからこそです。

最後までお読みくださった皆さまへと共に、深く感謝申し上げます。

ありがとうございました。

二〇二一年秋

宮脇灯子

＊本書は、朝日新聞社運営の犬猫ウェブサイト〈sippo（シッポ）〉に、「猫はニャーとは鳴かない」というタイトルで、二〇一八年五月から二年間にわたり連載したものを改題し、加筆修正したものです。

**宮脇 灯子**
（みやわき・とうこ）

1968年、東京生まれ。編集ライター。成城大学文芸学部卒業後、出版社で料理書編集に携わったのち、東京とパリの製菓学校でフランス菓子を学ぶ。その後フランス・アルザス地方に約10年間通い、家庭菓子や地方菓子について研究する。現在は製菓やテーブルコーディネート、ワイン、フラワーデザインに関する記事執筆、書籍の編集を手がける。著書に『父・宮脇俊三への旅』（KADOKAWA）ほか。

# ハチワレ猫ぽんたと過ごした1114日

二〇二一年一二月二〇日　初版印刷
二〇二一年一二月三〇日　初版発行
著　者――宮脇灯子
発行者――小野寺優
発行所――株式会社河出書房新社
〒一五一―〇〇五一
東京都渋谷区千駄ヶ谷二―三二―二
電　話――〇三―三四〇四―一二〇一［営業］
〇三―三四〇四―八六一一［編集］
https://www.kawade.co.jp/
組　版――有限会社マーリンクレイン
印　刷――株式会社暁印刷
製　本――加藤製本株式会社

ISBN978-4-309-03017-3
Printed in Japan